范华斌 著

环境健康风险的公众感知

——以A汽车有限公司带来风险的感知为例

Public Perception of Environmental Health Risks

-A Case Study of Residents Perceive the Risks Automobile Co., Ltd. A Produces

U0243527

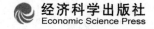

经济科学出版社
Economic Science Press

图书在版编目（CIP）数据

环境健康风险的公众感知：以 A 汽车有限公司带来风险的
感知为例/范华斌著 . —北京：经济科学出版社，2014.6
ISBN 978 - 7 - 5141 - 4782 - 7

Ⅰ . ①环…　Ⅱ . ①范…　Ⅲ . ①环境影响 – 健康 – 风险分析
Ⅳ . ①X503.1

中国版本图书馆 CIP 数据核字（2014）第 141745 号

责任编辑：王　娟
责任校对：刘　昕
责任印制：李　鹏

环境健康风险的公众感知
——以 A 汽车有限公司带来风险的感知为例

范华斌　著

经济科学出版社出版、发行　新华书店经销

社址：北京市海淀区阜成路甲 28 号　邮编：100142

总编部电话：010 - 88191217　发行部电话：010 - 88191522

网址：www. esp. com. cn

电子邮件：esp@ esp. com. cn

天猫网店：经济科学出版社旗舰店

网址：http://jjkxcbs. tmall. com

北京季蜂印刷有限公司印装

710 × 1000　16 开　11.25 印张　140000 字

2014 年 6 月第 1 版　2014 年 6 月第 1 次印刷

ISBN 978 - 7 - 5141 - 4782 - 7　定价：39.00 元

‖ 序 ‖

经过严格的选拔程序，范华斌博士毕业后就来到了广东省人口发展研究院，专职从事研究工作。近日翻阅其在博士学位论文基础上修改充实的著作样稿——《环境健康风险的公众感知——以 A 汽车有限公司带来风险的感知为例》，我觉得这是一部具有重要理论意义和现实价值的学术著作，值得阅读和推介。

范华斌同志从本科到博士阶段一直专攻社会学，有着扎实的社会学理论功底，擅长以宏观视角和长时段视野解析当下社会现象，已经取得了一批研究成果。本书以 Y 小区居民对 A 汽车有限公司带来的各种日常生活风险的感知为研究内容，从公众的风险种类辨别、后果的认知、风险的预防和应对过程出发，以 A 汽车有限公司引进前后 Y 小区及所属区域的变迁为背景，探寻型塑公众风险感知的多重社会机制。全书主题鲜明，资料丰富，方法恰当，思路清晰，逻辑严密，论证严谨，文字流畅，是一本高质量的学术著作。我有以下几点认识：

一是视角新颖，选题紧扣时代生活。

当今时代，各种风险已经深刻影响普罗大众的日常生活，政府和社会大众对风险的认知和抵御风险的能力也在不断提升。与此同时，"风险"议题已然成为学界的热门话题，不同学科已经对日常风险进行了多层面的探讨。这些研究大多从科学的角度出发，遵从"自上而下"的传统研究范式，对政府相关部门制定风险政策和管理日常风险发挥了重要作用。本书的新颖之处就在于：以普通公众为研究对象，以风险感知为研究内容，选择了一条"自下而上"的研究路径来解读公众风险认知逻辑，试图解析风险的发生机理，预测风险的发生时空，努力探索有效掌控风险进程、适时规避风险的有效机制。这既是对传统范式的补充，又为现实风险政策制定与风险管理提供了新视角，对政府相关部门增强风险政策有效性和风险管理实效性都有现实帮助。

二是资料充实，实证分析扎实可靠。

翻阅本书我们会发现，书中的资料很丰富，书中的分析和结论，都是建立在对丰富资料的分析研究基础之上，做到了有理有据。作者阅读了大量的中外文文献，按照既定的研究思路对公众风险感知理论进行了较全面的梳理，对每一理论的预设、边界和解释力都了然于心。正是因为占有和消化了丰富的研究资料，作者的研究就有了扎实的理论基础。难能可贵的是，作者进行了大量的近距离实地观察、焦点群体访谈和个体深度访谈，搜集了丰富的第一手实证资料。对这些资料梳理分析，直观现实地了解并理解公众的风险感知现状、特点，进一步分析其原因、趋势，探讨有关的应对思路与措施。一方面是理论资料的丰富，同时又是现实资料的丰富，理论与现实相互映照，相互衬托，赋予理论以现实的根基，又赋予现实以理论的精髓，于是，理论研究就有了现实的方向，现实的价值。

三是方法得当，理论建构合理有力。

每个人都是现实社会中的具体存在，都是现实历史进程中的具体活动主体。因此，人们关于自我的观念总是与其所处的时间阶段和空间位置联系在一起的，人们总是从其所处的具体时空结构来看待世界、营造生活、趋利避害。对于风险问题的研究，必须立足于这个基本的理论逻辑和生存范式。本书所使用的阐释学分析方法，正是立足于特定情境解析公众话语的现实意义，又从公众话语解析特定情境的现实意义。用这样立体式、互动式的分析方法，有助于将发端于国外相关理论和实证研究的风险感知理论，合情合理地运用到中国的实际中来，接上中国的地气，让读者体会到，公众所感知的风险，确实是中国的风险，而不是西风吹来的风险。作者在大量实证资料的基础上，在验证这些理论的本土经验解释力的同时，通过借鉴、归纳、总结等理论研究方法，构建公众风险感知路线图，形成了建筑在详细实证资料基础上的初步的风险感知解释框架。这样的理论建构合乎情理，具有理论说服力和现实解释力。

四是致力创新，注重理论联系实际。

学术著作的意义和价值，不仅在于准确转述别人说了什么，更在于高质量表达自己的观点，说出别人还没有说够的、说透的，要比别人说得更全面更透彻；不仅在于收集了许多一手的现实资料，更在于对这些资料进行深入分析深层研究，从而在理论上要能够自圆其说，在实践上要能够指导有方。本书的一个特点就是注重理论联系实际，在理论与实际之间寻找结合点，在联系的过程中寻找创新点，在创新的过程中实现理论与实际的辩证统一、深度契合。针对学界对公众风险感知的学理探讨尚嫌不足，作者在辨析"风险"和"风险感知"概念的基础上，致力于学理分析，以探索影响公众风险感知的社会机制，并努力建构本土化解释框架。同时，作者对风险管理和风险政策意涵又进行了初步的探讨，并提出了建构风险政策制定的公众参与机制和风险管理中的多方博弈协调机制的建议。正因为注重理论与实际的结合，才使得本书既具有重要的理论意义，又具有重要的现实价值。

以上几点只是粗浅的感受，还不能当作对全书的评价。就课题研究而言，风险问题之所以是问题，之所以成为时代的热点问题，重要的原因恰恰在于社会大众对于风险的感知十分薄弱，对于风险的认识与理解、规避与化解，意识很淡薄，方法很有限，能力更脆弱。加强风险感知研究，帮助社会大众树立风险意识、提升抗击风险能力，是构建和谐社会、平安社会的重要内容，也是学界义不容辞的持久的责任。

作为范华斌博士的同事，我为他出版自己的学术成果感到高兴，同时也祝愿他再接再厉，为学术研究做出更多更好的贡献。

广东省人口发展研究院院长　董玉整　教授
2014 年 6 月

‖ 前　言 ‖

　　本书试图回答"一般外行公众是如何感知风险?"这一问题及由此衍生而来的其他具体问题——公众的风险感知有何共同性、差异性? 有哪些因素影响公众风险感知? 这些因素起什么作用,如何起作用? 在回答这些问题的同时,验证几个源于国外文献的解释公众风险感知的代表性理论——早期文化理论、心理测量范式、风险的社会放大及风险社会对于中国本土经验的解释力。建构公众风险感知路线图。为了实现这个目的,我们选择了某市 Y 小区,探索性地了解和分析小区居民对 A 汽车有限公司带来各风险及其后果的感知方式。通过焦点群体访谈、个体访谈及调研过程中的实地观察,研究发现以下几个问题。

　　小区居民辨识风险主要是凭借自身的感官(眼、耳、鼻等)及日常生活体验来进行的。是否影响小区居民日常生活秩序也是他/她们考量风险是否存在的一个重要标准。小区居民风险感知既有共同性的一面,也有差别性的一面。

　　影响小区居民风险感知的因素有个体间的互动、

各类生活经验、大众传媒、威权机构及风险"收益"。互动与公众风险知识之间并不是简单的线性关系：互动带来风险知识的增长。互动也可能带来风险认知的更多的不确定性；与国外研究发现不同，大众传媒并不是公众风险知识的主要来源，互动、经验在风险认知中扮演了更重要的角色；大众传媒与公众的关系中，公众既可能是信息的接收者和主动解读者，也可能是被动吸收者；风险带来的"收益"在公众的风险考量中所起的作用似乎也不像国外相关研究显示的那么简单——收益使人倾向于低估风险及其后果。我们的研究发现无论是利益相关者还是利益无关者均可能客观、理性地看待风险。

小区居民的风险防范意识薄弱，所采用的防范方式均来自于其他风险经验。风险应对通常有三种方式：被动接受、消极回避和抗争。由于消极回避（搬离小区）成本太高，小区居民眼中风险后果低而导致的抗争意识不足，从而使得第一种方式成为最主要的风险应对方式。无论采用哪种方式都可以看出居民对风险制造者和风险管理机构的彻底的不信任。

根据上述分析及在其基础上所建构的小区居民风险感知路线图，可以发现，风险感知的早期文化理论解释只看到了感知中共同性的一面，没有对同一文化类型内部感知差异性进行说明；心理测量范式从个体心理层面解释公众风险感知，不能看到背景性因素对个体风险感知的型塑作用，且对个体之间风险感知差异没有解释；风险社会理论的公众风险认知过程中的专家依赖与我们的经验材料相悖；风险的社会放大框架不适宜用来解释我们的研究案例。

在"专家—外行公众"二分视野下看待公众风险感知，可以发现，两者理解风险的逻辑显然不同。专家秉承客观、理性精神，以科学方式分析风险；公众根据自身的感官体验、各种经验及自身独特经历等因素认知风险。专家从科学理性的角度来分析风险，而公众则是从生活理性的角度来认识风险，两种角度都有其合理性的一面。承认外行公众风险感知的合理性有重要的政策意涵，意味着相关风险政策需要公众参与才能更加有效。

　　在具体的风险事件中，与风险有关的各方在利益诉求上存在客观的差别，这种差别势必带来各方围绕风险发生激烈程度不同的博弈。从风险管理的角度来看，既然博弈是不可避免的，要想实现稳定社会秩序的终极目标，关键不在于压制公众的正常利益诉求，而在于探索有效的风险利益诉求群体表达机制或组织代表机制。建构公平的博弈规则，搭建各方公平博弈平台，培育和提升弱势方的博弈能力，从而达到公平有序的博弈后果。

目 录

第一章

导 论

"这是一个最好的时代，也是一个最坏的时代（狄更斯，1993：1）。"自启蒙运动以来，理性的扩张、科技的进步，及伴随而来的人的控制能力的增强，使人类的生活水平代代攀升，我们拥有之前社会不可想象的财富、不可得的便利。然而，人类的整体生活质量却难言提升，日常生活环境日益恶化，各类风险事件频频发生。每天，当我们打开各种信息平台时，出现在眼前的是各类安全事故、生态环境破坏等随社会科技进步而来的"副作用"。切尔诺贝利事件、疯牛病、SARS 危机等风险离我们亦远亦近。空气污染、雾霾肆虐、饮用水质量低下、垃圾焚烧等日常生活风险幽灵般占据了我们生活的舞台，成为人们辩论的核心主题。"生活在文明的火山上"（贝克，2004：13）虽有言过其实之嫌，却也真实地反映了人类生活的风险侧面，风险——一个现代社会绕不开的话题。

第一节　选题的缘由和背景

将风险主题作为博士阶段学习关注的方向，直至最终作为博士论文的专攻方向，对于笔者来说，是必然也是偶然。大体来说，前后有三个方面的因素促使笔者这么做。

首先，对风险问题的兴趣始于笔者攻读博士学位之前的工作阶段，彼时，笔者是广东省某高校社会学系一名社会学专业课程教师。为了帮助学生了解当代中国社会，学校要求各专业教师以低年级学生为对象，申报与所学专业相关的通识选修课程。基本要求是所开课程必须与当今社会现实有比较紧密的联系，能帮助学生对各种社会热点现象及基本事实有一个比较全面、系统、客观的了解，引导他/她们从不同的视角出发，全方位地认知其所处的社会，能够在纯粹的社会理论与社会事实之间有所勾连，解决理论与实践之间的脱节现象，实质是为低年级的大学生"扫盲"，根据学生的兴趣和选修学生的人数决定是否最终开设。笔者申报了一门《当代中国社会问题》课程，本以为所选学生人数不会太多，出乎意料的是，学生对这门课程热情高涨，原本开一个小班的计划被打乱，最终通过与学校的教学管理机构协调，以两个班，每个班级分配100多人开设此课程，问题才得以解决。

一直以来，作为社会学专业的教师，对各种社会问题具有某种天然的敏感性；另一方面，学生的兴趣与热情对笔者而言是压力也是动力，两方面的原因促使笔者上好这门课程。但在备课期间，通过查阅不同平台所提供的相关资料，才感觉到课程名称太大，各种社会问题五花八门，不同学者对问题的分析各个相异，所选观察问题的视角也每每不同。很难在短短十几次课程中穷尽所有的社会问题，也很难找到一本既适合授课对象，又编排合理的相关教材。于是决定以笔者的专业旨趣和学生的一般兴趣取向为基础，选取了近几年比较热门的话题，以专题的形式授课。记得当时选择了食品安全、环境污染、健康风险等主题，在选题时也对一些事关全球的问题表示出一定的关怀，如全球变暖等。

从浩如烟海的资料中搜索风险事件案例是一个难以取舍的过程，各类触目惊心的事件每每在笔者心中引发激烈的碰撞。在授课过程中，在与学生互动过程中，更是深切地体会到这些问题给身边人带来的种种恶劣后果，笔者听后感同身受。然而，当笔者超越情感，以社会学人特有的理性来思考这些问题时，除了对这些问题进行一般性的介绍，以及从对策的角度提出一些政策性建议外，尚不能从理论上对其做出完整的、令人信服的分析。为此，笔者也曾试图系统地搜集和阅读相关中外文献，接触了对这类问题的多种不同的解释，有人（比如，贝克）从宏观社会变迁的角度来解释当代社会面临的各种风险，有人从科学的角度来解读各种风险，有人（比如，道格拉斯等）从文化的角度来剖析各种风险现象。但无论是从哪个角度出发，似乎都不足以令人信服地解释各类风险现象，更难找到某一概念框架来整合这些各个相异的视角，留给笔者的是对这些问题的更多的思考。但由于工作时间、精力上的紧张，这项工作没有持之以恒地、系统地进行下去，深感遗憾，但不可否认的是对风险问题的学术关怀此时已根植于心。

巧合的是，在读博之初，第一次与导师见面时，谈到读博期间的初步打算，导师提及，最近几年关于风险的相关研究在国内被讨论的比较多，原本建议之前的师兄师姐关注一下这个领域，但由于种种主客观原因未能如愿。还进一步提及了各类风险事件，包括厦门 PX 事件，垃圾焚烧引发的社会公众的各种反应和抗争等。导师的建议是，在打好基础的同时，可以关注一下风险方面的研究，看是否感兴趣，如果感兴趣，不妨作为自己的研究方向，这正好与之前的兴趣不谋而合。因此，在读博之初，在学习基础课程的同时，笔者有计划地对风险研究领域的主题、各主题研究发展的一般脉络及现代前沿领域关注的核心问题等进行了粗略的梳理，对自己感兴趣的方向和问题进行了初步的资料研究，对其脉络有了比较清楚的了解。对一些尚不能解决的、自己感到疑惑的问题做了读书笔记，从这些疑惑中有了初步的研究想法，但此时也仅仅停留在想法阶段，付诸实践还有待其他客观条件的配合。

促使笔者将风险作为自己博士论文研究方向的第三个原动力也来自于导师，记得导师在笔者入学的第二学期承担了一个与风险相关的课题，在参与课题的过程中，笔者承担了相关研究，尤其是其中的实地调研过程的全程参与，为笔者博士论文最终研究问题的确定，调研地点的选择，以及论文实地调研的顺利进行等提供了极大的帮助。正是借助这次调研活动，笔者选取了几个感兴趣的调研地进行了座谈，对博士论文感兴趣的方向及之前搜集资料阶段对风险问题的一些疑问进行了有益的探索，虽然这种探索当时只是"浅尝辄止"式的，但结果却进一步坚定了笔者就风险问题继续研究下去的信心。

第二节　风险研究视角介绍

关于风险的研究，就笔者搜集到的文献来看，有一个科学的风险分析向社会风险分析的转变过程。前者将风险看成是可以通过科学、理性解决的问题，后者则将风险理解为社会概念，认为单凭科学无法解决现实生活中的各种风险。与此相对应，从方法上来看，前者采用的是自上而下（专家、风险管理机构）的视角看待风险，以客观、理性的方式分析风险发生概率、后果，由此衍生出风险应对之策，后者则承认自下而上（从公众的角度）视角的重要性，分析公众风险感知逻辑，由此形成了"专家—外行公众"风险感知之争。社会科学关于风险的研究大多都在这个二分视野的前提或背景下来研究公众风险感知。

一、"统计—概率"风险研究

在介绍风险感知研究的各视角之前，有必要简单分析一下风险感知研究兴起之缘由。从学科角度来看，较早对风险进行研究的领域是保险学、技术科学和医学，这些学科的风险兴趣源于消除各领域内部不确定事件带来的不利影响的努力。共同之处是将风险看成一种客观存在，风险是"事件的损害乘以事件发生的概率"（Adams，1995：8）。在一定条件下，依照统计学的方法，风险事件发生的不确定性可以以概率的形式得以呈现，根据计算的概率值来考量某事件是否应该发生，是否应尽可能避免，比如，保险行为是否可行，某种药物是否可投入市场，某种技术是否可引进或应用。在权衡的过程中，成本—收益原则始终贯穿其中。从方法上讲，这些学科遵循自启蒙运动以来的科学精神，认为风险事件的发生概率可以通过理性、客观的方法精确计算，不因人而异。然而，这种方法的实际应用有其不可避免的局限性，主要表现在：概率的计算需要有之前相关事件发生的记录；事件发生的因果机制没有发生变化。而现实生活中经常面临的风险事件往往是新的、一次性的。在全球化的背景下，这些事件一旦发生，后果波及面广，会产生不可逆且不可挽回的损失。这种情况下"统计—概率"的风险预测和评估方法就失去了用武之地，比如我们所熟知的切尔诺贝利事件、SARS 事件等。局限性的另一表现是，这种方法无法准确地预测公众面临风险事件时的反应，某些在专家认为是微不足道的风险却引发了公众的激烈反应。尤其当这种风险不可逆时，公众变得不愿意接受任何风险，不论风险是多么的微不足道（Luhmann，1993）。于是关于风险的公众感知和接受性问题就变成了一个具有前景的研究方向，心理学首先对这个问题进行了回应。

在介绍心理学风险感知理论之前，我们简单回顾一下关于"社会认知"的研究，这对我们理解风险感知理论的发展具有重要的帮助和启示作用。

二、关于社会认知的研究

社会认知的概念没有统一的定义，社会心理学认为，社会认知代表的是一种观点，即要想认识人的复杂的社会行为就必须对认知过程有充分的理解。一般认为，社会认知研究始于20世纪70年代中后期，在90年代获得了较大的发展。社会认知研究受益于认知发展心理学和社会心理学，皮亚杰、詹姆斯、库利、米德等人的"主我、客我"、"镜中我"、"重要他人"研究均为社会认知研究提供了重要课题（沃特斯，2000；特纳，2001）。

传统社会认知的理论研究主要集中于"自我中心研究"——青少年认知由"自我中心"向"去中心化"发展过程研究、"观点采择研究"——随年龄的增长，青少年如何学会站在他人的角度上看待问题，从他人的眼里理解这个世界、"心理理论的理论"——对他人心理状态的认知及进行相应的因果归因。但这些研究很少涉及成人，于是有了关于"社会认知发展趋势"这一课题研究，背后的假设是认知的发展是毕生的事业，研究除了关注传统的信息加工问题外，更注重观察和分析不同年龄段同一认知加工的发展问题。内隐社会认知，即过往经验对行为者的当前行为和判断产生潜在的影响，也是当前社会认知研究关注的焦点（方富熹，1986；时蓉华，1989；邓赐平、戴晶斌，1999；王美芳、陈会昌，2001；张文新，2003）。

在关于这些主题的研究中先后发展出了众多的解释社会认知的理论模型，比如，以抽象概念为基础的表征模型——范畴模型，根据所获得的关于某个群体的信息，发展出一个概括化范畴来代表这个群体，然后根据某个客体的表现或特征，对客体与群体之间的关系作出判断；样例模型，根据客体与样例记忆集合中范畴的成员进行比较来归类；以及上述两种模型组合而成的混合模型，认为"一个有效的合理的社会认知模型必须包括抽象知识表征以及具体的样例表征"（王沛、林崇德，2002：73）。三种模型或多或少都具有一些不可克服的问题，引发了认知研究者在不同场合进行过相关争论。最近的理论关注则集中在"情境模型"理论，"情境模型代表人们对具体事件和事态的理解，而且通常在理解社会情境中传递的信息过程自动建立，这些模型一旦建立，就为理解新信息，对信息涉及的人和事做出判断提供相应的基础"（王沛、林崇德，2002：75）。情境模型关注人们理解过程中的时间、空间、实体、起因及目的等因素的作用；区分了事件状态和事件过程；关注时空框架对特定情境下的人和物的认知的制约作用。因此，情境模型可以用来解释特定背景下的人对他人或事物的理解（Wyre and Radvansky，1999）。

社会认知研究中的一般理论（尤其是情境模型理论）的发展对认知研究的亚领域具有重要的启示作用，我们下面介绍的关于风险感知研究的理论的发展进程很清晰地展示了这一点。

三、心理测量范式（psychometric paradigm）

从个体角度出发对公众风险感知的研究，始于俄勒冈大学"决策研究课题组"（Fischhoff et al.，1978，1983；Slovic，Fischhoff and Lichtenstein，1982，1984，1985，转引自 Rohrman and Renn，2000：17）。1978年费希霍夫等人发表了一篇非常重要的关于公众风险感知的实证研究学术论文（Fischhoff, Slovic and Lichtenstein, 1978）。在这个研究中，他们请受访者对各类行为的风险评分，这些行为包括吸烟、核电、滑雪等。对这些行为带来的风险他们进行了九个维度的划分，分别为：（1）是否自愿面对此风险。受访者被请在一个由平均分为七等份的由"自愿"的一端到"非自愿"的另一端的量表上打分。（2）后果的即时性。请受访者在"风险的后果是即时的"或"风险的后果是延迟的"两者之中选其一。（3）对特定风险的了解程度。请受访者在从"精确了解"的一端到"完全不了解"的一端上进行选择。（4）具体风险的受害者是在一定时间内只有一个个体（慢性风险），还是在即刻之间伤害很多人（灾难性风险）。（5）特定风险是普通、常见的，还是令人恐惧的。其中普通风险是指在日常生活中能与之共处，能理性对待的风险。（6）特定风险后果的严重性。受访者被问到上述行为或事件后果的致命性程度。（7）特定风险在科学上被了解的程度。请受访者在特定风险"被精确地了解"或"不了解"方面进行评分。（8）特定风险被感知到的能被个体（凭借努力和个体技能）控制的水平。（9）特定风险是否是很少接触到的新风险。研究者计算了每类风险在这九个维度的平均得分，然后分析了这些均值之间的相关性。在此基础上，通过因子分析提取了影响人们风险感知的两个主要因素："恐惧"与"新颖"（Dread and Novelty），不同研究对这两个因子命名有所不同，但含义是一样的。之后的众多学者在不同国家和地区进行的"复制"的或类似的研究（通常以学生群体为调查对象）均证实了费希霍夫等人的结论（Boholm，1998）。斯洛维奇、费希霍夫和李希腾斯坦（Slovic, Fischhoff and Lichtenstein, 1980, 1981, 1985, 1986）及斯洛维奇（Slovic, 1987, 1992）等的研究中都显示出公众风险感知的这种二维结构。

　　跨文化的比较研究结果则反映出国别之间有相似的部分，但对于一些特定的风险种类，国别之间也存在认识程度上不一致的状况（Sivak, Soler, Trankle and Spagnhol, 1989；Hayakawa, Fischbech and Fischhoff, 2000；Teigen, Brun and Slovic, 1988）。比如，日本和美国的公众在核风险的看法上，来自于日本的样本赋分较高（Kleinhesselink and Rosa, 1991；1994，转引自 Boholm, 1998）。而另外一些研究则发现在风险感知中国别之间存在显著差异（Englander, Farago, Slovic and Fischhoff, 1986；Goszczynska, Tyszka and Slovic, 1991；Nyland, 1993）。社会分层（性别、种族或社会阶层等）也影响人们感知风险的方式（Rohrmann, 1999）。但这些跨国比较研究中，绝大多数都显示出人们的风险感知均能被上述两个基本因素很好地解释。一直以来，验证这两个因素的解释力也是心理测量范式的基本工作，且研究的基本方法、程序与上述介绍的费希霍夫等人的研究类似，结果也基本证实了他们的观点，以致很多学者在谈论风险感知时，均将心理测量范式的基本观点视为当然。这些实证研究的结果表明，个体风险感知中有稳定性的一面，也有不稳定的一面，稳定性的一面或许可以用上述两因素来解释，而差异的一面在心理测量范式中尚没有一个普适性的解释机制，或许仅从个体心理角度来分析不足以解决这个问题，如下对心理测量范式的批评也显示了这一点。

风险感知的心理测量范式遭致了一些学者的批评，主要集中在如下几个方面：（1）被费希霍夫等人所列举的风险的几个维度未必是普适的。（2）它只看到了个体风险感知的共同性的一面，忽略且没有解释个体在他们的风险感知中存在怎样的差别和为什么存在差别（Kraus and Slovic，1988）。有人推断群体均值得分仅仅能反映风险感知的一个方面，整个样本的风险得分均值的聚类分析（aggregate analysis）不能代表组成样本的个体的多样化的观点（Vlec and Stallen，1981）。这涉及量化研究中研究层次的选择问题。（3）如果感兴趣的是个体感知的过程或感知的个体差别，上述分析方式只能在较低水平上具有解释力。来自于聚类分析的具有误导性的结论在社会科学中一直被讨论，也即研究方法上所说的"生态谬误"（ecological fallacy）。（4）另有学者认为，风险测量范式解释的仅仅是外行公众而非专家的风险感知（Slovic，Fischhoff and Lictenstein，1979）。

当然，除了上述几个方面以外，还包括其他一些批评，比如，有人认为信任可能也是影响人们风险感知中的重要因素；大众传媒对于框定人们的风险议题和认知具有重要作用；不同类型的风险（如，"个体风险"和"一般化的风险"）等因素都没有在早期的心理测量范式中涉及。就我们的研究来说，最重要的是，风险感知的心理学研究及其所受批评为文化理论对风险感知的解释提供了可能。

四、风险感知的文化理论

（一）"文化"的内涵

在介绍风险感知的文化理论之前，有必要对"文化（culture）"一词的起源和语义进行一般性的探讨。英文"culture"源于拉丁语"colore",动词 colore 的初始含义是"开垦（to cultivate）"或"工作于（work on）"的意思，在动词的基础上派生出两个名词，一个是"cultura"，另一个是"cultus"，对应的含义分别为"开垦荒地（cultivation of land）"和"神的崇拜（worship of divinity）"（Oltedal, Moen, Klempe and Rundmo, 2004）。在前现代时期，很难在这两个名词之间进行明确的意义区分，因为对于自然的敬畏和对神的崇拜似乎有着密不可分的联系，从而自然和文化两个概念也几乎没有差别（Fink, 1988）。这种状况在大约 1600 年的西方世界有了根本性的变化，自然和文化两词之间有了基本的区分，现代的文化概念似乎表达的是某种人造（manmade）的事物，含义的变化创造了全新的用法，即使今天的文化一词仍然表达了开垦荒地的意思，但与前现代相比，它指的是人化自然，再也不是在那里等待人们来开垦的、外在的自然。因此，现代文化表达的含义聚焦于人们所具有的能力。

伴随这个转变的是文化一词的指向发生了悄然变化，它不再指大而化之的世界、宇宙和上帝了，而是具体化指人造的各种产物，比如，语言、艺术、历史和各种社会组织，相应的人们也围绕这些创造物建构了研究这些领域的各学科，与之伴随的是文化逐步出现了高低之分，不同的人分别代表着不同的文化类型，如此也为对代表文化的各社会进行高低排序埋下了伏笔。

文化一词本身经历的转变过程对其概念的明确化变得尤为重要，根据社会语言学家 Rampton 的说法，可以从四个不同的维度操作化文化概念：（1）作为精英教规的文化；（2）作为成套的价值观、信仰和行为的文化；（3）作为社会经济关系的反映的文化；（4）作为定位、提供对话意义的资源和过程的文化（Rampton, In Press, 转引自 Oltedal et al., 2004）。在使用文化概念时，虽然有时包含了其中的几个维度，但往往是侧重其中某一方面，比如，道格拉斯和维尔德维斯基（Douglas and Wildavsky，1982）首先是在第三种意义上使用该概念，但也包含其他几个维度的意义。然而在道格拉斯的符号交换理论中，第四维度的意思则体现得最为明显。

文化是嵌入在人们的生活方式之中的，"生活方式"是道格拉斯的格—群理论（文化理论）的核心概念之一。最初，该理论目的在于发展一个比较不同时空环境下的各社会的理论工具（Boholm，1996）。道格拉斯在文化偏见——被定义为"共享价值观"和社会关系——被定义为"个体间关系模式"之间进行了明确的区分，根据索普森（Thompson et al.，1990：I）的说法，"生活方式"被定义为"社会关系和文化偏见的混合物"，但道格拉斯是在文化偏见或世界观的意义上使用文化或生活方式概念的。

（二）风险感知的文化理论

从文化的角度解释公众的风险感知始于人类学家道格拉斯，其提出的"格—群"（grid-group）理论构成了早期风险的文化解释基础（Douglas，1978；Thompson et al.，1990），按照他们的说法，人们社会参与的变化可以通过格—群之间的动力学来解释。

"群是根据组成它的一贯成员，它的成员周边的边界，赋予它的成员运用它的称谓和其他保护的权力，以及它提供的限制来定义的。群是一个明显的环境设置，但是我们似乎不能设想个体的环境，如果他不是某个群体之中的一员的话。"（Douglas，1978：8）

"格意味着个体互动过程中所遭受的各种规则，作为一个维度，它展示了控制模式的逐渐进步中改变。在强端，有与社会角色关于时空的可视规则；在接近于零值的另一端，正式的分类逐渐隐退，并最终消失。在格的强端，个体不能自由地与其他个体互动。一套明确制度化分类使他们保持分离且规范他们的互动，限制他们的选择。"（Douglas，1978：8）

　　根据上述对群、格的说明可以看出，"群"指的是社会个体的身份归属，关乎个体的身份认同，他/她是某群体的成员或不是，两者必居其一，边界分明，位于其中的个体既能获得一定的帮助，也必须接受某种限制，用通常的说法是既享受一定的权利，也承担必须的义务。

　　当个体属于某一群体时，他/她的群体认同感强烈，反之则微弱（Douglas，1992）。"格"则指的是人际互动关系中群体规范对个体制约的程度，这种制约在不同性质的组织中存在程度上的差别，在等级组织中高而在平等组织中低（Douglas，1992）。从格、群两个维度出发，能够将社会组织分为四种不同类型，见图1－1所示。四种不同类型组织世界观各异，因而风险观也不同。

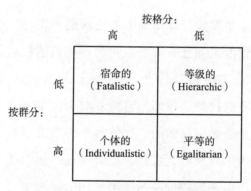

图1－1　道格拉斯的格—群模型

宿命论者代表孤立、宿命，其个体等级分明，互不联系，信奉等级制却又不认同自己所属的等级（Thompson，Ellis and Wildavsky，1990）。宿命论者认为，外在于他们的社会群体对他们具有约束和限制，他们所恐惧的大多数东西是被别人所强加的，这使得他们对风险的态度十分冷漠，因为他们无能为力。宿命主义者宁愿意识不到风险，因为他们认为风险在任何情况下都是不可避免的。在现实世界中的行为不能从自然那里得到是对是错的可靠的反馈。一般来说，宿命主义者不担忧他们认为不可能做的任何事。在风险的文化理论中，这部分人仅仅是少数。

个体主义崇尚自由，恐惧对自由有所阻碍的所有东西。最重要的阻碍是战争，在战争中，一部分人在身体上为另一部分所控制。较少发生的事件，比如，产生一个专制集权性质的政府，也被认为是对个体主义的一大威胁。个体主义支持市场自由，且相信人们应该有机会为他们获得经济收入。政治上来说，个体主义注重权利。他们认为自然是有能力进行自我修复的，因此，人们没有必要过于关注自然被怎样对待。一般来说，个体主义认为只要风险不限制自由，就是机遇（Oltedal et al.，2004）。

平等主义者害怕发展可能增加人们之间的不平等，他们怀疑专家知识，因为他们害怕专家和强有力的组织滥用他们的权威。在政治上，平等主义者属于左派，支持增加社会平等的行动，比如，让社会最富裕的一部分人分担较重的税收。他们的自然观与个体主义者不同，他们认为自然面对人类的干涉是很脆弱的，这使得平等主义者对可能改变自然状态的污染和新技术保持戒心，而且，一般来说，他们反对给大多数人或未来一代将带来不可逆转的危险的风险（Oltedal et al.，2004）。

等级文化强调社会的自然秩序和这个秩序的保持，他们害怕诸如社会骚动、犯罪之类的事件。精英主义者对专家知识给予很大的信任，他们把自然看成是在大多数情况下是自我修复的，虽然具有严格和刻板的限制。如果人们突破这些限制，自然将不再能自我修复，并且这可能带来戏剧性后果，因此，精英主义者接受风险，只要这些风险被政府或专家证明是合理的（Oltedal et al.，2004）。

除了上述四种文化类型，后来者认为现实世界还存在一种人，这些人切断了与社会环境的所有联系，生活多少有点像隐士，他们反对所有其他的世界观。却又可以根据自己的目标和需求随时加入其中任何一类（Rohrmann and Renn，2000）。

四种主要的世界观下，公众风险感知呈现出特定的文化自我保护模式，这意味着个体感知那些危及他们自己生活方式的事件或东西是有风险的。索普森等人认为，关于公众风险感知的一个重要且基本的因素是他们对自然的一般态度（Thompson et al.，1990）。根据文化理论的说法，人们对待他人和自然的基本态度与他们的世界观和生活方式是交织在一起的。具体到群—格理论，四种不同的世界观或生活方式对人们怎样理解和感知风险有上述四种类型的暗示。

为了验证理论的解释力，维尔德韦斯和达克（Wildavsky and Dake，1990；Dake，1991）在四种文化类型分类的基础上，设计出了各种问题指标来测量现实生活中的人属于哪种类型，然后分析这些人和风险感知之间的关系是否如文化理论所说的那样。他们宣称，等级的、平等主义的和个体主义的生活方式能预测风险感知的模式，宿命主义的测量在他们的报告中没有涉及。一直以来，宿命主义和风险感知之间关系较少受到注意（Marris，Langford and O'Riordan，1998）。但是Rippl测试了所有四种类型的世界观，并且发现宿命主义维度是重要的。

然而，更近期的大多数研究不能证实达克和维尔德韦斯的研究。麦瑞斯等（Marris，Langford and O'Riordan，1998）比较了风险感知的文化理论和心理范式，他发现心理范式对风险感知的解释力强于文化理论。

对于文化理论的解释力较低的分析主要集中在如下几个方面：(1) 文化理论用于解释风险感知本身就是错误的。这是最简单也是最尖锐的批判 (Boholm，1996)。(2) 普廷戈 (Poortinga) 和帕迪 (Pandey) 暗示道格拉斯等人提出的风险感知的文化理论可能在她们生活的年代是适用的，在现代社会是否适用尚存疑问 (Poortinga and Pandey，1997：10，转引自 Oltedal et al.，2004)。因为她们生活在一个比较封闭的社会，不同群体遵从的文化相互之间差异性很大，同一文化群体内部则表现出极强的同质性。然而，现代社会是一个融合和交流的社会，不同性质的文化之间相互碰撞、吸收、借鉴，异质性再也没有前现代社会那么明显，反而是同一文化内部由于吸收了不同的其他文化，在融合过程中显现出了内部的不一致性。因此将文化理论用来解释现代社会人们的风险感知状况当然就显得不够精确。(3) 实证研究中，文化理论在操作化过程中存在问题，或者是已经建立起来的指标不能完整反映文化理论所描述的四类理想类型，或者是各指标测量的并不是文化，而是其他的东西。比如，达克认为，文化理论的各个指标测量的实际上是人们的态度，而不是综合性、复杂性的文化关系 (Marris et al.，1998；Sjoberg，2000；Rippl，2002)。也有人认为，对于宿命主义的测量值得商榷，因为所列各指标与传统的测量人的个性指标 (McCrae and Costa，1992) 是一样的，而宿命主义显然不等同于个性。(4) 文化不是一个稳定不变的概念，而是一个流动的概念 (Marris et al.，1998)。这主要体现在两方面，一方面人们没有一以贯之的文化归属性，可能在不同的情境和扮演不同的角色时，遵从不同的文化规范，因此，要测量文化归属，就必须在回答操作性指标之前，规定人们的身份，换句话说，需要人们从某一身份来看问题；另一方面来看，将文化看成稳定的，或相反看成流动的，在解释问题时可能是完全不同的逻辑。如果认为文化是稳定的，人们的文化归属是从一而终的，那么就可以用它来进行因果解释，如果认为文化是流动的，那么文化归属就是一种选择，是行为的后果而不是原因。

对于宣称证实了文化理论的实证研究，也有一些批评，最重要集中在这些研究混淆了显著相关和强相关概念，显著相关并不一定意味着有很强的相关性；同时在实证研究过程中，研究者使用的是平均值来进行计算和分析的，这一点也不是很恰当，因为，使用平均值损失了很多信息。

五、风险的社会放大（the social amplification of risk）

由于上述两理论在运用于实际的研究过程中，均不能反映公众风险感知的一般动态，未能比较全面、成功地解释众多实证研究成果，有学者在前人研究成果的基础上，雄心勃勃地企图建构一个综合性的公众风险感知解释框架，这个框架既借鉴了文化理论和心理测量范式指导下的实证研究成果，又借用了传播学中经典概念（"信号"、"放大"）来动态地阐述公众风险感知的一般过程（Kasperson, Renn, Slovic et al., 1988；Renn, 1991；Kasperson, 1992；Burns et al., 1993；Kasperson and Kasperson, 1996）。

风险的社会放大框架（SARF）起始点是这样一个假设：除非人类观察到并将其传播给其他人，可能包括实际的或假设的意外和事故（或者甚至对现存风险的最新报道）的"风险事件"的影响力在很大程度上将是无关紧要的，或是非常局部化的。（Luhmann，1979）。理论的基本逻辑如下：风险、风险事件以及两者的特点都通过各种各样的风险信号（形象、信号和符号）被刻画出来；这些风险信号反过来又以强化或弱化对风险及其可控性的认知方式与范围广泛的一系列心理的、社会的、制度的，或者文化的过程相互作用（见图 1－2 所示）（Kasperson，1992）。如此，风险信号的传递过程，同时也是个体、组织等信息接收者的风险信息解读过程，解读中则会产生风险的社会放大或弱化现象。"放大"一词来自于传播理论，在风险的社会放大理论中，"既包括风险信号强化的情况，也包括风险信号弱化的情形"（Kasperson and Kasperson，1997，转引自卡斯帕森、卡斯帕森，2010：79－92），传播信号的各类中介在理论中被称为"放大站"，大体上说有两类：社会放大站和个体放大站。"社会放大站包括如下情况：执行和传播风险技术评估的科学家；风险管理机构；新闻媒体；政治活动家社会组织；社会团体中的意见领导者；同辈及相关群体的个人关系网；公共机构"（Kasperson and Kasperson，1988，转引自卡斯帕森、卡斯帕森，2010：86）。每一个信息接收者都参与了信息的强化（或弱化）的过程，在理论中被称之为个体放大站。

风险的社会放大会带来公众的应对行为，这些行为又会产生众多的次级后果，这就是图中显示的涟漪效应，更进一步的，涟漪效应又会产生更高阶的后果。①

六、风险社会

风险社会理论对公众风险感知的关切并不是其主要内容，只是在分

---

① 图 1－2 只是原框架的主体部分，风险与风险事件经由主体部分的各种反馈与循环过程得以放大或弱化，这个过程可能是反复进行的，然后经组织反应产生涟漪效应：即对受风险直接影响者、当地社区、专业群体、利益相关者群体、社会，以及公司、行业、其他技术、社会等产生进一步影响，而这些影响又会产生更高级的影响，比如销量损失、财政损失、管制型行动、组织变化、诉讼、实际风险增加或减少、社区关切和对公共机构丧失信心。

析宏观社会变迁过程中关于风险认知部分有所涉及。在《风险社会》一书中，贝克（2004）从宏观社会变迁的角度，对 20 世纪后半叶以来的现代社会变化进行了精辟的分析。在他看来，与古典工业社会相比，现代社会有两大特点：

第一，风险成为现代社会的本质特征。风险生产的逻辑取代财富生产的逻辑占据主导地位，尽管一部分风险和风险的一部分维度仍是按阶层划分的（贝克，2004）。风险的性质与特征发生了根本性的变化，由之前的合法化的"潜在副作用"变成了社会各领域公开辩论的核心主题，由局限于特定区域的问题演变为跨越国别、区域的全球性主题。风险的分布很"民主"，规避风险在现代社会成为奢望，虽因个人、阶层财富差别在感知风险和遭受风险伤害的严重性程度上略有不同。全球化风险使得人们逃无可逃，避无可避。

第二，社会阶层在现代社会已失去其在之前社会中的核心重要性，不平等表现为个体化不平等。风险的配置逻辑不遵循传统的阶层逻辑，于是传统社会群体的约束削弱了，或者消失了，政治动员不再遵循社会阶层团结逻辑，而是按照风险的逻辑（贝克，2004）。社会关系、家庭关系均发生了质的变化，传统的男女性别角色发生了变化，与性别、家庭相联系在一起的其他事物：婚姻、亲子关系、性、爱和诸如此类的东西也随之变动（贝克，2004）。

与贝克从制度层面进行的宏大叙事不同，吉登斯从微观层面入手，探讨自反性现代化在个人层面的种种运作和表现。贝克在上述分析的基础上，认为现代社会风险是个人所无法认知的，唯有依赖体制，尤其是所谓专家体制，才能掌握风险的相关知识，但其又明确表示出专家信任缺乏，由此形成关于风险认知中的公众与专家关系悖论。而吉登斯则强调在"文化上摈弃"现有权威和专业知识，转向"积极信任"的市民身份，而不是想当然地听从公认的专家（Giddens，1994）。

七、风险感知的社会学研究

除了风险社会理论代表性人物贝克和吉登斯从社会学角度对风险进行过系统研究外，其他社会学者对公众风险感知话题的关注，始于"外行—专家"风险感知差异之争。与传统科学的"概率论"风险研究方式不同，社会学从社会整体角度，多侧面地探究风险，将风险视为一个社会概念而非一个技术概念，风险是社会建构的产物。与心理测量学与经济学从个体角度出发研究风险不同，社会学强调社会文化、背景因素等对风险感知的外在型塑作用。经济学假设个体在风险感知中是理性、客观的，但现实经验表明这个假设有失偏颇，社会学则强调公众的风险认知的社会理性和有效性，两者之间孰优孰劣需要区分不同的情况、研究目的和需要解决的实际问题，不能一概而论。

早期对公众风险感知研究暗示，专家以其专业知识和科学方法对风险的评估优于公众的风险认知。科学知识具有客观性和优越性，只要不受政策、价值观和意识形态的影响，科学知识就能产生最佳方案（Wynne，1982）。尽管有证据显示科学家同样受阐释和偏见的误导（如，Tversky and Kahneman，1974）。公众与专家认知上的差别是由于公众的认知方式和无知所导致的，因此，普及专业的风险知识能弥补两者之间的鸿沟。但实际的研究发现事情远没有如此简单，何况专家在解读风险时也存在认知上的偏见，不可能完全地做到科学要求的客观。对科学的社会研究发现客观实证的知识也可能是不真实的，而且把以权威的外衣掩盖了社会权力（Wynne，1982）。于是社会学者对公众风险认知的逻辑、特征等进行了探索性的研究，比较有代表性的是韦恩，其对公众风险认知系统性的研究成果，成为社会学风险研究者必读经典。韦恩的研究指出，实验室里的专家知识应用到实际生活情境中屡屡失败（Wynne，1982，1987，1992，1996）。他用详尽的实证研究表明，专家也有自己的信仰，在认识论上与外行人知识大同小异，只不过专家在建构其知识时遵循的是科学规则，而不是生活经验。"主观和社会文化的观念或参照框架则不同。人对风险的反应不同，而且常常系统地偏离理性推论所做的简单假设。理性推论认为人都是一样的。而在人对风险的反应中，文化因素发挥着重要作用"（詹斯·O·金，彼得·泰勒—顾柏，2010）。

八、国内关于风险感知的研究

国内关于风险感知的研究处于起步阶段，尚没有发展出相关的具有说服力的理论，根据笔者所搜集到的资料，有介绍国外风险感知理论的研究（高旭、张圣柱、杨国梁、多英全，2011；刘金平、周广亚、黄宏强，2006），有在国外相关风险感知理论指导下进行的调查研究（刘金平、黄宏强、周广亚，2006；孟博、刘茂、李清水、王丽，2010；李景宜，2005；于清源、谢晓非，2006），这些研究通常都是运用调查问卷和量化统计方法来进行的，且就现阶段看，主要是心理学和生产安全领域的学者较多关注这些问题。也有少量的就具体的风险问题进行的研究（刘金平、黄宏强、周广亚，2006；方芗，2012）和跨国比较研究（段红霞，2009）。整体来看，在建构本土化的公众风险感知理论道路上还有待更进一步努力，也需要更多的人文社会科学学者更积极地进行各类实证研究。

九、简要评析

风险感知的心理测量范式从个体心理层面出发，结合风险具有的特性，对影响公众风险判断的因素进行分析，试图总结风险感知的普适性规律。所使用的研究方法是通过抽样调查和因子分析，提取了影响公众风险感知的两个基本因子：恐惧性和新颖，这两个因子的含义不像其字面意思那么简单，恐惧性就包括可怕性、不可控制、风险的非自愿性、对下一代的担忧等内容，新颖主要指特定风险在科学或知识上被了解的程度，比如，风险是否可知，能否被观察到等。虽然这两个因素对个体风险感知具有较强的解释力，但由于大多数研究（包括证实这个理论的一些实证研究）都不是通过大规模的抽样调查获得数据，往往是以学生群体为对象来进行的，并且如理论介绍部分所说的用群体平均值来进行分析也值得推敲，因此，至少从方法上对心理测量范式所获得结论提出质疑是适宜的。另外，心理测量范式不能对公众风险感知上的个体间的差别提供令人信服的解释，虽然如上述理论介绍所提及的有这方面的努力，但相关结论比较零散，不成系统，以我们的生活经验而论，似乎也不能反映个体风险感知的丰富性。因此，无论从方法上还是理论结论上，心理测量范式局限明显。

风险感知的文化理论与心理测量范式相比则选择了一条不同的路径，从社会整体的、生活方式的角度对人们的风险感知进行一般化的解释。从道格拉斯首创的"格—群"理论中衍生出的四种主要文化类型，或说四类不同的生活方式（世界观），决定了人们不同的风险感知方式，然而文化理论很难通过实证的方式证明其结论有效性。虽有学者进行过这方面的努力，但结果却是部分研究证实了理论的解释力，另一部分则表明这种差别不存在。至于是文化理论本身没有说服力，还是在实证研究中对文化或文化的四种类型操作化过程中出现问题，不得而知。而且当代社会与道格拉斯生活的时代在各方面相距甚远，文化的四种类型是针对当时社会总结出的理想类型，是否符合当代社会的一般现实尚存疑问。在当今全球化的社会，不同文化社会之间交流机会的增多使得原有文化之间固有差异逐渐减少，融合和同质性趋势越来越明显，而在具体的某一区域（甚至是某一社区）内部，由于文化交流带来的不同文化的存在，使得区域内部文化的异质性、多样性成为新的特征，在这种状况下要想对文化进行类型化划分实际很困难。文化理论主要解释的是社会文化大类型之内人们风险感知的同质性和之间的差异性，却很难解释同一文化类型内部公众风险感知的差异性。实证研究中所产生的丰富的公众风险感知动态研究结论，是道格拉斯等人的宏观格—群理论所无法洞察的。

社会学介入专家—外行公众风险感知之争后，对公众风险感知进行了大量的实证研究。与上述两理论指导下的研究不同，社会学关于风险感知的研究大多以个案研究为主，探索现实生活中公众风险感知的具体过程及影响因素，获得众多的研究成果，结论呈现丰富性特征。与文化理论相似之处在于，社会学是从社会整体的层面，探索型塑公众风险感知的各种机制，但结论很难形成某一统一的理论框架，难以转化为风险感知的实质理论。当然从社会学的角度对风险感知进行研究不可能与文化截然分开，这也可以说是社会学视角与社会文化视角重叠的一面，更有人认为可以将其统一在社会文化的理论视角之下。

风险的社会放大理论提出者则试图建构一个综合性的理论解释框架，将其他理论成果综合在一起，克服其他风险感知理论固有的缺陷，然而这个理论过于庞杂，且实际预测力不强。其对于风险概念的理解也与社会学、文化理论将风险看成公众的建构思想截然不同。风险社会理论从宏观社会变迁的角度研究风险，对公众的风险感知的解释也就必定从社会发生的变化这个层面着手，但其具体的结论就如上面理论介绍部分所表明的，与现实经验不符，且不论贝克等人对于社会性质发生的变化，及风险在当代社会的重要性的论断正确与否。

第三节　问题的提出和研究意义

一、问题的提出

通过上述文献的梳理和分析可以看出，关于风险问题的研究，聚焦于"公众风险感知"这个主题，从大的方面来看，这是对风险的科学研究一种补充，也即在"专家—外行"之争的背景下展开研究，目的在于回答"外行公众是如何理解风险"这一核心问题，及在此基础上衍生出的其他问题。社会科学不同学科的学者为此进行了长期不懈的努力，提出了不同的范式来解释这些问题，在此过程中，各种不同范式交相辉映，但没有哪一类范式能在解释公众风险感知中独占鳌头，一枝独秀。也没有形成一个能够吸纳这些范式之精华部分的综合性的概念框架，虽然有学者雄心勃勃地进行过这方面的努力，但从现实看来，不能称之为完全的成功。

心理测量学范式较早关注公众风险感知这个问题，但它的认知局限在心理层面，从特定风险具有的特性，以及认知者的个体人口学意义上的差异来解释风险感知，在此基础上提出了一些在他/她们看来具有普适性的规则，忽视了人是社会人，人生活在一定的群体之中，群体所独有的特性对人的认知所起的作用，虽然他/她们在这个问题上的一些提法可能是对的，但必定是不完整的；社会学或社会文化的视角与心理学不同的是，他从社会整体层面来看待人们的风险感知问题，将人们在日常生活中所面临的特定风险看成特定的社会现象，是人们建构的产物，但风险感知的文化理论解释，至少从早期来看，过于宏观和抽象，且文化的类型化方式未必适合于当今社会，至少很难在不同文化传统的国家中具有同样的普适性，而且，这个理论的最大问题是难于通过经验验证的方式得到证明或证伪，因为文化理论很难操作化，即使有人曾经做过相关努力，但批评者甚众。也正因如此，很多学者提倡进行风险感知的个案研究，社会学的定性研究方法在个案研究中大有用武之地。社会学对公众风险感知问题的综合分析在一些个案研究中显示出了其独特的优势，然而，社会学研究的结论就像上述分析中谈及的比较零散。风险的社会放大框架虽然雄心勃勃，但正如在文献综述部分所分析的，他的解释力相当有限，而且其预测能力也没有得到证明。风险社会理论从宏观社会变迁的角度出发，认为当今社会的风险性质发生了根本性的变化，人们已经不能通过自身的努力获得对具体风险的正确认识，专家依赖成为公众风险认知的一般特点，这个观点虽然在某些方面具有合理性，但认为公众风险认知完全、彻底的专家依赖显然与我们的一般经验不相吻合。

总之，各类范式在其发展历程中，取得了一定的成绩，但也受到了广泛的批评，对于公众的风险感知过程，影响公众风险感知的因素等问题仍然是众说纷纭，莫衷一是。在此基础上我们提出的问题是：

1. 公众是如何感知风险的？有哪些因素对公众的风险感知具有型塑作用？他们是如何起作用的？除了感知的共同性一面外，是否存在差别？这些差别主要体现在哪些方面？

2. "专家—外行公众"之间风险感知不同的实质是什么？公众风险

感知的逻辑与专家逻辑有何差别？是否存在优劣之别？这种差别的政策意涵是什么？

3. 上述各理论范式均发端于国外的理论和实证研究，那么哪一个理论对中国的本土经验具有更强的解释力呢？如果单独的某一理论范式均不能很好地解释中国经验，那么还需要在哪些方面加以改进？

二、研究的意义

本研究的意义可以从理论和实践两个方面来进行阐述：

（一）理论意义

从理论的角度来看，一方面，中国国内关于公众的风险感知的本土化理论解释和实证研究相对缺乏，我们的研究作为一种探索，对风险感知的理论的建构具有积累经验资料和初步理论化的尝试作用；另一方面，国外理论推论和实证研究所获得理论是否对中国经验具有解释力，尚没有得到有效的证明，我们的研究可以提供验证各理论范式的机会，在验证相关理论的有效性的过程中，有机会对各相关理论范式的具体内容具有补充和修正作用。

（二）实践意义

从实践的角度看，从公众角度来研究风险感知，对于国家相关风险管理部门的政策制定具有启示作用，对自上而下，依赖专家的政策制定方式具有纠偏作用。对于实际生活中，科学的风险政策为什么不能获得意料中的有效性具有解释作用，为风险管理者提供了一个自下而上看待风险的视角，从而使得实际的风险政策的制定更为合理、有效。而且，在面对具体风险之时，我们的研究能帮助相关风险管理机构和管理者能更加全面地预测其影响和后果，从而能做到未雨绸缪。

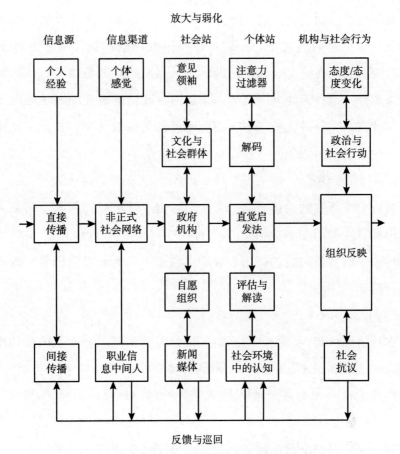

放大与弱化

信息源　信息渠道　社会站　个体站　机构与社会行为

图 1 – 2　风险的社会放大框架

反馈与巡回

第四节　研究方法和研究点选择

一、研究方法

在系统地搜索和回顾前人研究成果的基础上，在依据一定的条件选定了调研地点后，我们先后进行了两次访谈，在第一次实地试调查对基本问题有所了解的前提下，我们对所要研究问题的维度有了初步的理解。因此，我们在研究设计阶段确定了采用半结构式访谈法，具体问题见附录部分，这些问题并不具体，只是回答我们的研究问题所必须了解的方向性范畴，目的在于了解人们风险感知的一般状况。具体来说我们的研究使用了如下方法：

（一）深度访谈

在确定了研究的大体方向后，我们列出了解决研究问题所需要从小区居民处所获得的资料内容，以"聊天"的方式听取他们对 A 汽车有限公司带来的各类风险的描述、解读。在适当的地方对我们感兴趣的问题进行追问。

（二）观察法

在访谈的过程中，我们对受访者说话时的语气、神态、肢体动作进行细致的观察和记录；同时，对小区居民（包括非受访者）生活方式，对 A 汽车有限公司带来的风险进行了实地的观察。

（三）文献资料法

通过风险研究文献的搜集，我们了解了风险研究的一般脉络，当代风险研究所关注的问题，从中形成了我们研究感兴趣的问题；另外，对我们研究中所必需的 A 汽车有限公司、Y 小区资料，我们通过网络平台或小区居委会提供的文本资料，对 A 汽车有限公司发展历程、环保理念和政策等有了一般的了解，对 Y 小区的历史沿革、生活方式、人口学特征进行了概括。

（四）阐释学方法

上述三种方法主要是搜集资料阶段使用的方法，而在资料分析和论文主体分析部分，我们主要使用的是阐释学的方法。阐释学的方法在过去 10 多年获得了广泛的使用，它承认意义和解读在构造社会互动与存在方面的核心角色（霍利克－琼斯，赛姆，皮金，2010）。使用这种方法的"目的是获取对给定风险问题在其中被识别并理解的情景的格尔茨所谓的'深度描述'。研究者正是以这种方式尝试理解外行公众在解读风险问题以及从风险对象中寻求意义时所展开的解读性过程"（霍利克－琼斯，赛姆，皮金，2010）。这种方法特别强调环境或情境在解读过程中所扮演的重要角色。认为人是地方性存在，人们的自我概念总是与所处的空间位置联系在一起的（Altman and Low，1992；Speller and Sime，1993；Urry，1995）。人们考虑问题的方式，或说其解读事件的逻辑，深深地受到与所处空间位置相关的切身经验及获得的相关知识的影响（Thrift，1985；Schama，1995；Henwood and Pidgeon，2001）。

二、研究点选择

就像文献综述部分所分析的，"公众的风险感知"在国内只有较少研究者涉及，此问题的中国答案显得零散而不系统，因此，我们的研究目的之一，在于探索问题的本土化回应，与此相匹配，本研究属于探索性研究。同时由于文献简评中所谈及的量化研究方法的缺陷，我们决定选择某一小区进行实地研究。通过多方面权衡，最终我们选择了某市 Y 小区作为我们的研究对象，原因有如下几点：

1. Y 小区位于城乡结合部，是两区的交界处，周边分布众多企业单位，且这些企业带来的众多风险种类一直为小区居民所诟病。为了在研究和访谈过程中能够聚焦于某一风险源带来的各种风险，我们主要向小区居民了解对他们影响较大、居民反应较强烈的 A 汽车有限公司。

2. Y 小区居民曾经因为在建的某医院带来的风险后果自发组织过抗

争行动，而对 A 汽车有限公司带来的风险后果却没有激烈的反应，可以通过居民的访谈回应资料，进行适度的比较，对于了解居民的风险感知实际更有帮助作用。

3. 由于我们研究的是外行公众对环境健康风险的感知，因此，选择的调研地点需要确保受访者是非专业人员，在文献综述部分涉及的部分实地研究中就存在所选访谈对象"是否外行公众"的争论，我们选择的 Y 小区所处的地理位置、小区的历史沿革及居民的职业和文化水平等层面的一般状况，均能保证他们属于"外行"公众范畴，这一点在第二章的小区介绍中体现得非常明显。

4. 之所以选择 Y 小区的另一考虑是方便，在问题缘起部分所提及的曾经的访谈，以及在访谈过程中同 Y 小区居委会建立起的联系，能保证我们的研究顺利进行下去。

第五节 核心概念和研究框架

本研究的核心概念是"风险"、"风险感知"，明确了风险概念，风险感知概念也随之清晰。

一、词源学："风险"源自何处?

"风险（risk）"是什么？这个词源自何处？有多种不同的说法。卢曼认为"'风险'是一个随着从传统社会走向现代社会的转变而开始使用的新词"（Luhmann，1996：1）。其前身是拉丁语"riscum"（Luhmann，1993）。吉登斯和阿尔索斯在讨论了该词词源的各种说法的基础上，认为风险一词可能出自西班牙语"risco"（Giddens，1999；Althaus，2005：570），"'风险'这个词好像是通过西班牙语或葡萄牙语传入英语中的"（安东尼·吉登斯，2001：18）。根据人本主义者彼得·蒂默曼的研究，风险一词在17世纪60年代由法语借用到英语中，更早时是从意大利语中的表示在危险的岩石间择路前进的"riscare"得来的（Timmerman，1986）。也有另外一种说法，"'risque'这个词最早出现在1319年的意大利文献资料中……风险概念大约于17世纪通过法语或意大利语进入英语世界"（Strydom，2002：75）。虽然说法不一，但比较得到普遍认同的是，西班牙和意大利地处地中海一带，海上贸易发达，商船往来频繁，这个词被创造出来最早指航行到未知水域所招致的可能危险，涵义侧重于"空间"方面，彰显了航行者具备了初步的主动规避风险的意识。随着时间的流变，风险的"时间"意涵占据了主导地位，侧重于强调未来的可能危险，意指未来的一种可能（不确定）状态，这种状态会给人类带来某种程度的伤害或物质上的损失。同时，风险一词的广泛使用也意味着当代社会风险的主要诱因发生了逆转，人类面临的风险大多是由自己的决策引发（人为风险），不再是来自于自然界或"上帝"。

　　汉语"风险"一词的来源很难得到考证，有学者认为是由"风"和"险"两词组合而成。"中国古代汉语中也没有'风险'一说，在现代汉语中它才成为一个合成词……总之，风险的最基本含义可以理解为'可能发生的危险'"（刘岩，2008：16）。

　　那么，风险是什么呢？是否存在一个放之四海而皆准的定义？尽管关于风险的研究文献层出不穷，关于风险定义的探讨此起彼伏，但关于这个问题的答案从来就没有取得一致。现实是："一方面，关于风险的定义一直都有激烈的争论；而另一方面，尽管不乏有关于这个课题的整本书的研究文献，但也有人对给风险下定义保持沉默"（尤金·A·罗莎，2010：41）。

二、语义学："风险"是什么？

（一）现实／可能性（reality／possibility）

我们在谈论风险概念的同时，也承认了一个基本的区分：现实／可能性。如果这个世界的一切都是先定的，与人的行为无关，也不可能通过人的行为进行事前预防和事后处理，那谈论可能性就失去了意义，而风险概念只有在"可能性"存在的前提之下才有意义，这是谈论风险概念的立足点。但可能性不等于风险，它仅仅是风险概念的必备要素之一，这一点我们将在下面谈到风险要素的部分进行详尽的分析。

（二）风险两要素

正因为从语义学角度给风险下定义是一件很难和充满争议的活动，因而学术群体内部很多人在谈论风险之时，避免给风险一个明确的定义。关于风险的研究无论是给出明确的定义，还是对定义问题闭口不谈仅仅是进行一般的学术探讨，我们都能发现"可能性"、"（不利）后果"是风险的两个基本特征。因此，对风险概念的语义学理解一般都会或明或暗地认同以下两个基本要素：1. 某个事件在未来可能发生（可能性／不确定性）；2. 事件的发生会产生某种后果，这种后果带给人们的影响可能是合意的（desirable）也可能是不合意的（undesirable）（不利后果）。风险两个基本要素应该不存在疑义，但对每个要素的解读则充满分歧，不同学科的学者之间表现得尤为明显，我们可以进行简单的剖析。

三、风险两要素：不同学科的理解

（一）不确定性（uncertaity）

对风险第一个要素中"未来"一词的理解不存在分歧，也即风险一词以未来为取向不存在疑问。争议的焦点发生在"可能性"上，既然风险表达的并不是必然发生的现象，那么它就具备了盖然性，这种"不确定性"是风险的内在特征之一，换句话说不确定性与风险如影随形。那么在实际的研究中，不同学科的学者是怎么理解和表达这种可能性呢？

在对风险进行科学分析的时候，通常用概率来代表不确定性，然而使用概率有两个前提条件：1. 概率的计算通常是建立在过往数据的基础上，数据的完整性和准确性是保证概率计算正确的前提，令人烦扰的是，这个前提往往得不到满足。更糟的是，由于历史的或技术的原因，以及对某些问题的重视程度不足，相关数据的搜集和积累几乎为零。2. 用过往事件发生的概率来代表事件的未来发生的可能性需要明确事件发生的因果机制不发生变化，一因多果、多因一果等因果关系的复杂性使得因果机制的明确化变得极为困难，尤其是在众多干扰变量存在情况下。我们也不能否认极端状况下的知果不知因的现象存在。这一切都使得看似简单的概率计算或是不可能，或是不具备代表性和参考意义，甚至对于风险的认知和决策具有误导性。

假设上述两个条件都得到满足，概率是不是就能准确地代表未来事件的可能发生率呢？未必。关于风险概率的社会科学研究中，还存在"客观"、"主观"之争（Fischhoff，1984）。上述概率概念实际上表达的是客观概率，在技术风险分析中最为常用。客观概率值通常是科学研究的结果，是通过特定的方式、规定的程序达致的产物；同时，客观概率也意味着理性，意味着概率值不会因人而异，换句话说，在给定的相同条件下，任何人遵循相同的程序应该能达到同一结果。主观概率则相反，是人们主观观念的产物。心理学认为，人们对风险发生的概率的理解并不是建立在实际的预测值的基础上（Lopes，1983；Luce and Weber，1986），很多认识上的偏好和偏见都将影响人们对风险发生概率的判断。但这并不意味着主观判断一无是处。实际上，主观判断在相当多的情况下是与理性相契合的，调查发现，在日常生活中，关于风险的主观判断中存在"一以贯之的概率理性模式"（Renn，1998：58），广为人知的是："如果潜在损失高，人们规避风险；如果潜在收益高，人们倾向接受风险"（Renn，1998：58）。社会学或文化研究对不确定性的理解比心理学更复杂，"未来事件发生的可能性不限于概率的计算，而是包括特定的群体知识和视角。而且，可能性被人类干预、社会组织和技术发展所型塑"（Renn，1998：61）。不能全面地考虑到这些因素可能会大大低估事件发生的可能性。

国外风险研究中，主—客观之分与专家—外行公众之分是对应的。一般认为专家的概率分析是客观的、理性的，是事件可能发生几率的正确的判断；外行公众概率观念是主观的、非理性的，"他可能受心理、社会、制度和文化等多种因素影响……"（Slovic，2001：xxiii）。是没有参考价值的。实际情况是否如此？最近研究表明，很难判断专家、外行公众之间谁的概率判断更准确，"外行人不一定非理性，但他们追求特定的知识和经验形态，他们的价值体系基础从文化上说与专家不相同，但并不比专家的低劣"（詹斯·O·金，彼得·泰勒－顾柏，2010：30）。在一些实例中，许多外行公众对特定事件（或者关于他们知识的有限性）甚至比专家有着更好的理解（Cotgrove，1982；Wynne，1983）。实际上，专家在进行概率分析的过程中并不总是绝对客观的，不同专家的价值观和知识结构差异有时也会影响到概率的客观计算，专家也不可避免地涉及主观判断的一面，"因此，客观性应该总是成为一种追求，但绝不可能是科学的成就"（Fischhoff，1984：125）。认为专家和科学总是站在客观观点上，这种说法本身是一个神话（Wynne，1982）。

（二）后果（outcome）

风险的第二个要素是事件发生带来的可能后果。后果分为合意和不合意两类，在风险研究的早期，很少有学者考虑合意的后果，主要将精力聚焦在不利影响（adverse effect）上，不利影响也称作副作用（side-effect）。副作用是什么？不同学科的理解各个相异。

对于技术风险分析来说，副作用指事件带来的可能的物质损失或生命伤害，后果局限于物质的一面判别起来相对容易，缺点在于对风险的后果概括不全面，在实际的风险评估和风险管理中容易误导管理者对实际状况的全面判断；对于经济风险分析来说，不利影响的范围被扩展至主观领域，"效用（utility）"一词常被用来指涉人们对风险后果的权衡和判断，它度量的是人们的需求、欲望得到满足的程度。在进行效用判断的过程中将会涉及众多因素，比如，物质损失、成本、收益等，货币量是衡量满足 / 不满足的常用单位（unit）。经济学以理性人假设为立足点研究个体风险，效用概念的普遍使用使得个体在不同的风险类型之间进行效用比较成为可能，在风险不可避免的情况下，可以通过这种比较选择效用最高的风险；对心理风险分析来说，"风险感知"才具有实际研究的意义，哪些因素影响人们的风险感知，有没有感知的统一模式存在等问题是其研究的焦点，而对于风险后果的阐述相对较少，但其背后蕴涵的假设是不言自明的，风险的后果依赖于人们的心理判断，心智上的差异，不同文化和背景下形成的对待事物的一般态度是风险后果性质判断的必然影响因素。如此，相同的风险在不同的情境下可能具有完全不同的含义，因此风险的具体（不利）后果需要放在不同背景下进行具体分析。对于风险的社会学或文化分析来说，不利后果是社会定义或社会建构的产物，社会情境和不同群体所遵从的差异文化决定了不利后果的实际判断，相同风险在不同的文化群体中意义可能相距甚远。因此说，在对风险的不利后果的看法上，心理学、社会学或文化分析相似，只不过心理学是从个体的角度来考虑，而社会学或文化分析则从整体层面来分析。

最近研究表明，人们将风险的后果局限于不利的一面并不全面，不利意味着需要主动规避，但日常生活中人们主动迎接风险的现象比比皆是，比如：登山、潜水、蹦极、跳伞，等等。有人将这些"明显非理性"行为称为"擦边球"（Lyng and Snow，1986），对这些现象的基本解释是"风险和不确定性本身有诱人的一面"（詹斯·O·金，彼得·泰勒—顾柏，2010：48）。实际上，迎险而上未必就是不理性行为，多数情况下风险与机遇并存，况且风险本身具有相对性，风险的分布历来是不均等的，人们应对风险的能力是有差别的，有风险的承担者往往意味着有从中获利者。因此，风险包括不合意的一面，也包括合意的一面，产生的后果性质对不同的主体而言可能意味着完全不同的东西。所以将事件的可能"后果"作为风险的一个要素比"不利后果"似乎更加合适。不过，理论上说虽然如此，但从实际的研究和公众的一般关注的角度来看，不利后果显然是焦点，尤其在风险的评估和管理活动中，规避和减缓风险成为最终目的的前提下如此。

两要素分析表明，"风险"是一个看似简单实则复杂的概念，追寻一个广为接受的定义难度太大，因为各学科对其的理解分歧点过多。然而，分歧的焦点在于对每个因素的具体理解，而不在于两要素本身。风险的技术概念最为简单明了，一方面，物质损失几乎在所有的文化中都被认为是风险的不利后果，"将不合意后果局限在物质损失排除了人们认为是不合意的其他后果，但是物质损失可能是仅有的（几乎）所有的社会群体和文化认可的不合意的后果"（Renn，1998：54）。因此在事件发生概率能确定的情况下，风险的技术概念具有某种通用性。另一方面，由于技术概念的单维度性，以及忽视风险事件的社会的、心理的和文化的后果，无法涵盖物质之外的其他损失，因而其局限性也很明显。且客观概率、理性计算并不能完全反映真实的社会世界对风险的实际应对。所以，风险的技术概念的简单明了既是优点也是缺点，优缺点并存的背后体现的是科学理性和社会理性的对立统一。

经济学、心理学、社会学以及风险的文化研究的共同点在于：承认技术风险概念背后简单的因果关系受到众多社会变量的干扰，风险是一个社会概念。首先，不确定性可以通过概率表示，但概率大多数时候不是理性计算的产物，尤其在外行大众面临生活中的众多风险之时，他们采用的是主观判断的方法，心理学认为这种判断受个人和文化群体所秉持的偏好序列所影响；其次，将风险的后果领域扩展到物质之外的其他主观精神领域，这是对技术风险概念理解的一大跨越；最后，与技术风险概念相近的经济风险概念，在进行风险的计算时，往往赋予后果较高的权重。风险的社会学和文化研究则强调，同样的后果在不同语境下可能具有完全不同的意义，人们的知识结构和作为一般观念的价值观对具体风险后果的理解有关键影响。总之，与风险的技术研究相比，社会科学认为风险的社会过程是理解风险的立足点和出发点。

通过上述梳理可以发现，对风险概念内涵的理解，在学术研究中有一个不断深化的过程。从技术风险分析到心理学、社会学和文化理论的风险分析表明，风险的存在离不开人们的理解，换句话说，风险是人们建构的产物。"风险似乎对不同的人意味着不同的东西"（Brun，1994），且关于风险的行动与理解是被社会、文化所型塑的关于世界看起来像什么，它应当是或应当不是什么的构想和评估所塑造（Boholm，1998）。于是，社会科学所谈论的风险在多数情况下实则是"风险感知"，风险感知是特定类型事件发生的概率的主观评估，以及我们如何关注其后果。风险感知超越个体，且它是反映价值、符号、历史和思想的社会、文化的建构。风险感知随人类社会存在的特定性和变动性而变化（Boholm，1998）。

四、研究框架

本书关于风险感知的研究以"风险种类的辨别——影响公众风险感知的因素——公众的风险预防与应对"为线索，从中辨别公众认知风险的方式和过程，全书分为六章。

第一章是导论。主要包括问题的缘起、相关研究文献综述、研究方法与过程、核心概念界定及文章框架介绍等。

第二章是研究过程及研究点介绍。主要是研究对象和调查对象的简单情况说明，包括我们选定的风险制造者——A 汽车有限公司的一般情况介绍，制造的各类风险及制定的相关风险政策、理念。调查小区 Y 小区的基本情况，包括其区位、历史沿革、小区居民的社会人口学特征、周边风险源等，因为这些内容对我们研究 Y 小区公众风险感知提供了背景知识。可以说，在具体风险分析中，这些内容在某些时候充当了我们研究的解释变量，就像一条红线，从头至尾贯穿于我们的研究中，对于理解我们的具体分析具有重要作用。

第三章是环境健康风险种类的公众描述。从公众对 A 汽车有限公司带来的各类风险的辨别，风险感知中体现的共同性与差异性进行分析，在分析中展现公众认知风险的一般特征和方式。

第四章是影响环境健康风险感知的因素。通过对调查资料的分析，对公众获取风险知识的途径进行类别化，简单探讨了各因素与公众的风险知识之间的关系，展现两者之间的复杂的、动态的交互作用。

第五章是环境健康风险的预防与应对。对 Y 小区中居民预防和应对 A 汽车有限公司带来风险的动态进行展示和分析，对居民风险应对的各种方式类别化，分析各类别发生的条件，从中反映出的公众风险感知方式等。

从第三章到第五章，我们在资料的分析过程中得出的一般结论与国外相关实证研究结论进行对比，检验不同文化语境下得出的结论是否符合我们的研究实际。同时根据我们的研究分析结论，对文献综述部分所涉及的公众风险感知理论进行简单的剖析，发现其不足之处。

第六章是总结与讨论。对第三章到第五章所反映出的一般公众风险感知现实进行更进一步的分析，建构小区居民风险认知路径图，再次联系文献综述部分的几大风险感知理论，比较各理论对 Y 小区居民风险感知的总体解释力，进一步指出各理论存在的不足之处。探讨我们研究的政策意涵，提出相应的政策建议。同时指出本研究的不足之处和进一步研究的方向。

第二章

研究过程及研究点介绍

第一节　研究过程

一、资料搜集过程

由于我们在进行正式的访谈之前进行了一次试调查，因此受访者的选择也进行了两次，两次访谈方式也不一样。第一次试调查于 2011 年 11 月 29 日进行，采取小组座谈的方式进行。有学者认为，这种方法的作用集中在三个方面：访谈本身作为研究对象；对研究问题进行集体探讨；集体建构知识（陈向明，2000）。我们根据研究的目的，将这次小组座谈定位于对研究问题进行集体探讨，以便为第二次正式访谈做准备。

这次小组访谈之所以得以顺利进行，需要感谢 Y 小区所在街道办计生工作人员和小区居委会的帮助，因为时值笔者为完成导师《某市大型项目建设人口风险指标体系研究》课题，需要进行相关调查研究，借此机会，根据本研究的需要，笔者进行了此次小组座谈，目的在于了解小区居民对 A 汽车有限公司带来的各种风险的一般看法。参与座谈的受访者是由小区居委会以方便的原则选取，当时我们的要求是：（1）受访者必须在此小区生活了较长时间；（2）已经达到劳动力年龄；（3）既要有青年，也要有中老年受访者；（4）要有男有女。受访者的基本情况满足了我们的一般要求，具体情况如表 2 - 1 所示。这几点要求既能保证受访者较全面地了解小区所面临的风险，又能保证受访者的异质性，能尽可能地提供较多的信息。之所以选择 9 个受访者进行座谈，是考虑到太少参与者无法收集到足够的信息，太多则在现场控制等问题上存在困难。"根据长期实践的经验，一次集体访谈的参加人数通常以 5~7 人为宜，最多不超过 10 人"（风笑天，2005：267~268）。

以受访者能理解的方式，我们介绍了研究的问题和目的，同时说明了研究的匿名性，在受访者一致同意的情况下，我们对整个座谈过程进行了录音，对一些录音不能反映出的表情、语气等，我们以记录的方式作出标记。由于访谈本身不是我们的研究对象，也由于我们的目的不在于观察受访者的在座谈中的互动过程，因此在座谈之初，我们说明了发言的基本规则，希望受访者按照顺序发言，在发言的过程中，其他受访者如果有补充，可以打断正在发言的受访者，如果有不同意见则需要等到发言者结束后才能补充。当然，在受访者发言之时，我们也常采用追问的方式获得我们需要的资料，为了把握好追问的时机和度，我们采取了两种追问方式。一是我们可以根据需要在不清楚或感兴趣的地方进行追问，这种情况下，我们通常采用即时打断受访者发言的方式来进行；另外一种情况是，对于一些感觉重要的问题、观点等则在受访者发言结束时追问。整个座谈时间大约 1 小时 40 分钟，座谈所获得的资料在接下来的三天时间以文字的形式整理出来，通过这次座谈，我们对所研究的问题有了基本的了解，附录部分的访谈提纲即在此基础上形成，以供第二次正式的个体访谈使用。正如上面所表明的那样，这个访谈提纲所列问题均是一些引导性问题，在具体的个体访谈过程中，研究者可以根据具体情况和受访者的回答进行进一步的追问。

表 2-1　　　　　　　　　　受访者人口学特征

个案	性别	年龄	编码
1	男	40 多岁	QT1
2	女	30 多岁	QT2
3	女	40 多岁	QT3

续表

个案	性别	年龄	编码
4	男	40 多岁	QT4
5	女	50 多岁	QT5
6	男	40 多岁	QT6
7	男	50 多岁	QT7
8	男	40 多岁	QT8
9	男	40 多岁	QT9

第二次访谈于 2012 年 7 月中下旬进行，有了第一次的交流，我们与 Y 小区居委会建立了良好的关系，部分小区居民对我们也相对熟悉。与第一次不同，这次访谈我们直接联系第一次参与访谈过程的受访者，通过他们的介绍，以"滚雪球"的方式获得更多的受访者。我们的要求是中间人介绍他们认为掌握较多相关信息的受访者。在选择多少受访者的问题上，我们遵循资料饱和原则。当受访者不能提供新的相关信息时，我们停止寻找更多的受访者。在这个原则指导下共选择了 14 位受访者，受访者的一般情况见表 2 - 2 所示。

表 2 - 2 二次访谈受访者人口学特征

个案	性别	年龄	受教育程度	职业	编码
1	女	40 岁多一点	初中未毕业	小区门卫	GT1
2	男	50 多岁接近 60 岁	小学	厨师	GT2
3	男	40 岁左右	高中未毕业	工人	GT3
4	男	40 多岁	初中	工人	GT4
5	女	60 多岁	小学	家庭主妇	GT5
6	男	40 多岁	高中	工人	GT6
7	女	40 多岁	未知	家庭主妇	GT7
8	男	50 多岁	大专	工人	GT8
9	男	40 多岁	未知	工人	GT9
10	女	接近 40 岁	未知	家庭主妇	GT10

个案	性别	年龄	受教育程度	职业	编码
11	男	50 多岁	高中	工人	GT11
12	男	40 多岁	初中	工人	GT12
13	女	50 多岁	初中	工人	GT13
14	女	30 多岁	中专	待业	GT14

访谈在每天下午 4 点钟以后进行（下班时间），受访者并不是根据概率抽样的方式取得。个案 1 是首位接受调查的对象，也是我们第一次座谈的参与者，访谈结束后，笔者请其介绍了第二位受访者个案 2，除了个案 11 和个案 12 是笔者在小区居民闲聊时间，在小区内部的小卖部找到外，其他受访者都如个案 2 一样，都是通过"滚雪球"的方式获得。从表 2–2 可看出，受访者中有 8 位男性，6 位女性；年龄基本上集中在 40～50 岁。需要说明的是这不是研究者有意为之，而是"滚雪球"抽样的自然结果，据研究者在调研过程中的观察，出现在公共场合的小区居民基本上都属于这个年龄段，为此，我们也向小区居委会管理人员问明缘由，他们给出的理由是，40 岁以下的成年人由于大多受过较高的教育，且工作或生活在市区。因此我们所能找到的访谈对象中，除了个别受访者的受教育程度未知外，基本上都集中在初中和高中，总体来说文化水平普遍偏低，用他们自己的话说，这也是他们只能工作于稀土厂和居住在小区的主要原因；受访者的职业主要是工人和家庭主妇，且分别与男性和女性相对应。因此，本研究不能比较不同年龄段人们风险感知上的差别，也不能反映出受过高等教育居民的风险认知。访谈过程中，我们送给每位受访者两件小礼物（高级钢笔和笔记本）。在受访者同意的前提下，我们对整个访谈过程录音，同时对我们观察到的受访者的表情、语气和手势等做必要的文字记录，有两位受访者担心研究者是政府

机关的相关研究人员，不同意我们进行录音，采取的是文字记录的方式记录整个访谈过程，由于手写速度和口语速度不同步，因此，我们的记录以受访者话语所表达的意义为主要标准，进行简单记录，但标准是保持文字意义与受访者所要表达的意义一致。

二、资料的整理与分析

第二次的个体访谈前后 7 天，每天访谈完成的当晚及时进行初步的整理，将录音内容以文字的形式在 Word 上呈现，在笔录的过程中，我们尽量以受访者的原话为准，准确无误地再现，同时结合我们在访谈现场的记录，在适当的地方标注出受访者在回答问题时的表情、语气与肢体动作，因为这些行为对于理解受访者的话语具有补充作用，体现了受访者其时的情感或情绪，对于我们的后续部分的分析具有重要作用。在所有访谈完成后，在保证受访者原意不变的情况下，我们对初步整理出的手稿进行再修改，以保证文字语句的通顺。至于不同意录音的两位受访者，我们将当时记录的手稿登录在 Word 上，对于记录不完整的部分，根据回忆访谈的过程，进行适时补充。将录音部分与手稿部分结合在一起就形成了我们访谈二稿，并在进行正式分析之前将初稿和二稿备份，以便随时进行查阅。

在二稿的基础上，我们对其内容进行了分析，步骤如下：首先，我们将原有的与问题有关的一些预设和与问题相关的价值判断悬置起来，以一种"投降"态度对二稿进行了仔细的阅读，除了向资料投降，我们还将在与资料的互动过程中产生的各种感悟和体验真切地记录下来，通过这一步我们有了对文本的一个整体的印象；第二步，我们按照半结构式访谈提纲所列问题将访谈内容分为几个方面，分别与问题对应，这是一个分类的过程；第三步，我们对每类内容进行分析，根据所表达的意义不同以关键词的方式对所有内容编码，选择关键词尽量用受访者的口头语言，如果用受访者的口头语言不能表达，再考虑使用我们记忆中的比较正式的书面语；第四步，将相同编码的内容整合在一起，这样所有的内容又进行了再一次的重新组合；第五步，根据编码关键词所包含的意义，分析他们之间的关系，是否存在包含与被包含，是否反义，是否属于一个更大类别概念下的亚概念等，对内容与内容之间的关系有更明确的判断，寻找"本土概念"来解释受访者所表达的意义，作为我们分析的基本概念。

从整个过程可以看出，我们的资料的整理和分析是交织在一起的，这是一个原始资料先被分散然后再整合的过程，通过对原稿的阅读，我们了解了资料的整体情形，然后通过意义分析将原始资料打碎、分解，再根据意义编码，选择适合我们研究问题的资料，重新整合成一个有机的整体。

第二节　研究点介绍

根据上述研究方法部分的介绍，我们的调查对象为 Y 小区的居民，风险源明确为 A 汽车有限公司，下面我们分别对两者做一般性介绍，这部分内容对我们分析和理解小区公众的风险感知至关重要。

一、A 汽车有限公司

A 汽车有限公司是一家著名的合资公司，位于中国某市东南部某区Y 小区。成立近二十年来，由某国有汽车集团公司和外资合资经营，双方各占 50% 股份，合作年限 30 年。作为国内由合资企业独立投资、以独立法人模式运作的汽车研发机构，拥有包括概念设计、造型设计、整车试作、实车测试、零部件开发等在内的整车独立开发能力。截至 2009 年，共有员工近 7000 人，占地百余万平方米。拥有研究开发中心、排放实验室等强大技术研发力量和冲压、焊接、注塑、涂装、总装、整车检测等先进工艺生产车间，以及物流配送中心、综合培训中心等辅助设施。截至 2012 年，年产量已达到四十余万辆，且最近几年开发了众多不同品种的车型，销量和用户反馈均不错①。

　　A 汽车有限公司地处某市东南部两行政区交界处，周边有众多各类性质的企业和工厂，分属两区不同小区。由于两区交界处原属城郊，虽然最近十几年获得了较大的发展，但由于在发展过程中缺乏规划，居住区与各类性质的企业与工厂是交错分布在一起的，与我们通常印象中的城乡结合部相似，很多污染性企业云集于此，整体规划不够完善，布局不够齐整，不像城市中心居民区与工业区有较明显的界限。也正因如此，各企业给当地居民小区带来的影响比城市中心区更大、更直接，居民的反映也相对强烈，经常在小区居民与污染性企业之间发生直接、间接的程度不同的冲突。也由于这种纵横交错的布局，各小区居民常常无法准确地判断日常生活中各种影响环境健康的具体风险的确切来源，这一点又进一步加深了当地环境健康问题的复杂性。我们在调查 A 汽车有限公司给当地居民带来的各种风险时对此深有体会，我们的调查结果的分析部分也充分地反映了这一点。虽然地理位置上紧邻，但据我们在研究过程中的实地观察，各企业和周边小区居民区之间的社会关系并不紧密。基本上可以说，空间位置是交错在一起的，社会关系是各自封闭的，

---

　　① 本部分内容来源于 A 汽车有限公司官网，经整理而成。

相互之间"老死不相往来"。就我们研究的 A 汽车有限公司而言，与我们的访谈小区虽然只有一街之隔，但两者之间基本没有互动。也正是由于地理位置上的相连，Y 小区居民对 A 汽车有限公司给周边地区带来的各种风险及其后果极为敏感，反映最为强烈。在整体风险意识不强的情况下，仍不时有小区居民通过不同途径向当地基层政府相关风险管理机构和 A 汽车有限公司的管理部门进行投诉，加之 A 汽车有限公司本身有较强的环保意识，这一切都迫使其采取更多的实际环保手段，将其带来的各种风险降至最低。自成立之初，A 汽车有限公司就比较注重环保工作，形成了自己独具特色的一整套环保理念，制定了相应的环保政策，在不同时期均提出了努力的阶段性目标，时至今日，在环保领域取得了较大的成效。在 2010 年，A 汽车有限公司更是正式明确地推出自己的环保口号。提出了未来环保工作方向；发布了环保宣言；制定了明确的环保方针。[①]

为了达致上述理念和目标，汽车厂采取了一系列相关举措，比如，汽车厂一直坚持生产绿色产品，凭借先进的发动机技术，实现了高功率输出、低燃油消耗和清洁排放的理想平衡，所有车型实现了优秀的燃油经济型，且排放均达到了国际 IV 标准；汽车厂投入巨资，导入最先进的环境技术，生活污水及工业废水经过污水处理站预处理、物化处理、生化处理、过滤和深度处理五个阶段的处理，实现 100% 回收重新利用，实现"废水零排放"。2007 年，在全公司范围内正式启动了"清洁生产"项目。

A 汽车有限公司虽然提出了一整套环保理念、口号，制定了与之配套的相关政策，也取得了众所周知的效果，比如，二氧化碳排放显著降低、废水的零排放等。但对于一些影响周边居民的、生产过程中不可避

---

① 本部分内容来源于 A 汽车有限公司官网，经整理而成。

免产生的环境健康风险，或是在现有技术条件下无法解决，或是本身对问题的重视程度尚不够，久拖不决，导致周边小区居民怨声载道。根据上述对 A 汽车有限公司的环保理念和环保措施的一般性分析，也可以看出，其对于自身生产的各种类型的汽车的环保能力重视程度较高，这可以理解为 A 汽车有限公司为了自身的效益以及社会责任而进行的努力，但是在生产阶段，除了在废水的排放和回收利用以及降低二氧化碳方面成效显著，其他方面则甚少提及。根据我们的了解，汽车的生产、组装是一个复杂的过程，其中伴随着众多产生污染和影响人类环境健康的程序，比如，噪音，涂漆工艺产生的异味，大量废弃物由于得不到及时的转移和处理散发的恶臭味，采光过程导致的反光，等等，均得不到有效的解决。加上 A 汽车有限公司本身管理上的封闭性，与周边小区在生活上和交往上的极度缺乏，上述生产过程中产生的各具体环境健康风险均得不到及时有效的沟通，这一切使得问题变得越发复杂，"公说公有理"是在环境健康风险上 A 汽车有限公司和周边小区双边关系的鲜活写照。

二、Y 小区一般情况介绍

为了了解 A 汽车有限公司对周边居民的生存环境和健康带来的具体影响，以及周边小区居民对这些日常生活中的风险的看法和应对，我们选择了与 A 汽车有限公司临近的 Y 小区。之所以选择这个小区作为我们的研究访谈对象，主要原因在于，A 汽车有限公司从行政管理角度上来看与 Y 小区有某种联系，比如，A 汽车有限公司的员工办理计生证等手续是通过 Y 小区来进行的，但是必须注明的是，这种联系是极其有限的，A 汽车有限公司在生产、经营以及税收等方面并不隶属于 Y 小区，也与 Y 小区所在的行政区没有关系，因为它是合资独立经营企业，严格意义上说，上述从生产、销售到利润、税收等整个过程只与某市政府和合资方有关，而这也是 Y 小区所在的行政区政府对 A 汽车有限公司在很多事务上无能为力的主要原因。我们所选择的 Y 小区居民对这种情况知之甚少，基本上来说，他们知道 A 汽车有限公司的合资性质，也了解合资双方的身份，但是，在面对 A 汽车有限公司带来的各种环境健康风险时，除了极个别小区居民试图通过所在居委会同 A 汽车有限公司的管理阶层进行间接沟通外，绝大多数有抗争意识的小区居民是通过 Y 小区所在的行政区的相关环境健康管理机构来投诉的。如此一来，在面临具体的环境健康风险时，三方（小区居民、基层政府风险管理机构、A 汽车有限公司）互动就呈现出如下情况：具体风险事件及其后果、小区居民被动接受或抗诉、所在行政区相关机构介入、介入无效、具体风险事件及后果依然，事件发展如此的恶性循环是三方在具体风险事件上关系的真切体现。选择 Y 小区的另一个原因是其与 A 汽车有限公司仅有一街之隔，因此 A 汽车有限公司给周边小区带来的各种具体风险，以 Y 小区居民的感受最深，反映也最为强烈。从我们的研究角度而言，能获得较多的相关资料。

当然，就像我们上面所介绍的那样，A 汽车有限公司处于某市两行政区的交界之处，且其所处之地各种性质的企业遍地林立。这给当地居民带来的一大困扰是，在某些时候，他们无法准确判断风险源，在他们的风险理解中就存在"张冠李戴"现象。我们所选择的 Y 小区由于处于 A 汽车有限公司同样的位置，四周布满不同性质的企业，这种现象最为明显。我们可以从空间上对 Y 小区及其周围的、对其影响较大的企业进行简单的介绍。Y 小区东与另一社区相连，相连之处是一水泥搅拌厂，属于另一社区，一直以来给 Y 小区带来众多风险后果，比如，大量的灰尘、噪音、大量的污水等；西与 A 汽车有限公司接壤，被一条并不宽的街道隔开，Y 小区的正门也在西面，面对 A 汽车有限公司；南面与某医院相连，被小区外围的院墙隔开，因为小区居民通过一些正式和非正式的途径了解到某医院会带给周边居民区大量的传染性疾病，以及亲眼所见某医院所排放的污水和其他污染物，在小区居民集体抗争下，某医院已关闭；北面是某稀土公司，与我们所访谈的小区有大概几百米的距离，小区内劳动年龄人口大多都在这个公司上班，由于是一个保密性的单位，具体情况我们知之甚少，只是有一点可以确定，在这个公司上班的小区居民都深受辐射之苦。

Y 小区和 A 汽车有限公司所在行政区在某市的东南部，面积百余平方千米，人口近 40 万人。相当长一段时间以来，这个区都被划为"郊区"，市区的居民多以"偏远"、"近郊"来形容。在三四十年前，此处交通很不发达，去市区常常是早去晚归，更没有市区的所谓夜生活。即使到现在，这个区的很多小区居民仍然把去某市中心称为"入城"。就今天来看，这个区已经成为某市的老城区之一，但是与其他区相比较来说，部分地域还保留了早期自然景观。就我们选择的 Y 小区而言，一方面由于是两社区的交界处，另一方面由于四周企业林立，人居环境较差，小区周边的交通虽然比较发达，但是根据我们的观察，总体人口密度较低，商业不发达，人口的整体文化素质不高（根据小区居民自己的说法，文化水平比较高的、有本事的人都离开了这个小区）。Y 小区下辖面积约 1 万平方千米，辖区常住人口 1000 余人，流动人口约 500 人，居民住宅楼十余栋。除了上述我们谈及的周边的几个重要企业外，另有接近 20 多个企业存在，但这些企业与我们所调查的 Y 小区关联性不强。

第三章

环境健康风险的公众描述

第一节　环境健康风险种类描述

我们的访谈首先要求受访者就 A 汽车有限公司给 Y 小区所带来的风险种类进行一般性的描述。根据受访者的回答，风险类型主要有三类：汽车制造、加工过程中所带来的异味（油漆味）；运送汽车制造所需配件的拖车，在通过小区正门过程中所产生的噪音；汽车制造厂顶层的不锈钢所带来的反光。

一、油漆味

受访者反映最多的是汽车制造加工过程中油漆程序带来的味道，他们是这样描述这股味道的：

夏天啊，我们经常中午，或者晚上吃饭的时候。它（A 汽车有限公司）可能刚好开始喷漆，一喷，那股味道通过那个烟囱（用手指给笔者看）向外一抽，（那个油漆味）我们吃饭的时候都没办法，门窗关上都顶不住。（GT5）

汽车厂那边油漆味啰，就是油漆汽车带来的油漆味；要是你注意闻的话，也闻得到，你走到那边（用手指向 A 汽车有限公司附近）去仔细闻一闻就有。（GT1）

我觉得汽车厂那股味道很厉害，就是一股味，那个喷漆啊，有时候

晚上那股喷漆味，哇，真的是很难闻。（GT2）

　　不但通过自身的感官（鼻子）观察到了油漆味，而且在社区生活实践中，他们对味道随天气、风向的变化何时强烈、何时平淡等规律有深刻的了解。

　　西北风压过来的时候啊，特别是晚上，我们前面这栋楼影响最大，为什么呢？楼正向着它（汽车有限公司）嘛，我有时候晚上闻到，很难闻，真的。（GT2）

　　一阵风过来他就飘走了，依天气而定，南风过来就少点，北风就麻烦啦！（GT9）

　　我们这个地方本来空气是很好的，现在呢，冬天是北边来的影响，那个味，水泥搅拌厂过来的，夏天是汽车厂那个油漆味比较多，所以前后两边都对我们产生了影响。（GT11）

　　除了空气污染带来难闻的味道，使得社区居民深受其害外。油漆味还会带来人们生理上的不正常反映，社区的正常生活秩序亦遭到破坏。有受访者是这么说的：

　　像我们小区，有时候气味那么大，像我觉得，我在办公室感觉气味一来，呼吸是很困难的，感觉会很想咳嗽、很想吐的那一种。（GT9）

　　北风一吹，我们这里窗户根本就不能打开，今天你来空气还好啦，

下了雨。你平时来闻的话，臭死啦！（GT10）

你随便抓个小孩来问问，他都会说，怎么这么难闻啊，这么臭。我那小孩三四岁，每次有那个味道的时候就问，妈妈，怎么那么臭？（GT7）

二、噪音

反映较多的另外一类风险是噪音，噪音有两类。一类是拖车带来的噪音，汽车制造厂需要各式不同型号零件，当负责运送零件的拖车经过小区正门前的街道（凹凸不平的柏油路）时，带来的噪音严重地影响了小区居民的正常作息，居住在街道旁边的两栋楼的居民感受最为强烈。一位受访者是这么描述噪音的：

还有这里（用手指小区正门旁边）不是有两栋楼嘛，这里的居民，白天无所谓，主要是晚上，他们那个运货的小车，运零件的小车，吵得他们没法睡觉。（GT1）

一位居住在面对 A 汽车有限公司的居民楼的居民以自己的切身体会，对噪音带来的正常生活作息的紊乱的描述更有代表性。

还有噪音哪！这个厂里的，拉那个配件的，像小火车那样拉配件的，10 多点钟夜深人静的时候都睡不了啊，他们有时候上班到晚上 12 点多，有时候甚至 1 点多。（GT3）

就我们的一般常识来说，无论是在城市中心区生活，还是生活在城乡结合部，汽车经过所带来的噪音是不可避免的，为什么小区居民对拖车带来的噪音感受如此深刻，以至正常的休息受到严重的干扰？其中的几位受访者给我们详细解释了其中的"奥妙"所在。

这条路啊，你不管有没有车过，按照噪音的标准的话，也不符合标准，就是很近，近了一点，这条路啊，就是在旁边嘛，才几米啊，也是这个距离太靠近这个居民点了，所以噪音是特别厉害的。（GT12）

它是那个小小的篮子的斗车，那个拉零件的，他一拉就拉十几个，在斗里面滚来滚去，所以拖起来就很响。（GT6）

另外一个非常严重的问题呢，就是前面这条马路，原先是没有路的，原先走它（A汽车有限公司）里面的那条路，后来就在这里改了一条路，这条路改过以后呢，下水井很多，那个井盖给路面造成了不平，所以车辆走这里过就是叮叮咣咣、叮叮咣咣，这边周围有一些厂都是为它（汽车有限公司）服务的嘛，车厢啊、汽装箱啊、大一点的板车啊，由于路面不平，所以声音很大。白天感觉影响还不是很大，晚上啊，都会听得清清楚楚，这个很厉害。路面不平，有四十八个井，加上有时候又是空车啊，所以声音特别刺耳，晚上根本没有办法睡觉。（GT8）

根据部分受访者的说法，除了噪音外，拖车经过大多数时候也会带来大量的灰尘。

除了带来声音外，还有一个是产生大量的灰尘。（GT7）

（有没有一些事故？）你说这个引起的事故倒没有，但是粉尘的话呢，就是一晚上把整个一个车盖成是白色的。我这里还有相片，早上起来整个车就是白色的。（GT9）

但就我们的观察来说，似乎他们对这条道路带来的灰尘问题并不是特别重视，只是在谈到噪音时顺带提及。可能与噪音相比，其他问题还没有严重到影响到他们的作息的程度。个别受访者还提及这条道路在管理权或说所有权上存在争议，甚至认为这是噪音问题久拖不决的原因所在。

还有这条路呢，我们跟那边（公路局）打听过，这条路它（汽车有限公司）就是到现在都没有移交出去，还是属于它的，因为上一次我们这里有个重型机械过来，就是那个大的，为了加固桥梁过来的，带来的声音太大了。后来我就打电话给公路局，他就说这个路还不是我们的，还是由汽车有限公司管。这个路汽车有限公司交不出去，那边不接收。两边都在扯皮，谁都不管这个事。（GT8）

除了噪音和灰尘外，部分受访者在谈到小区正门前这条大路时，还提及了一些其他方面的风险以及改进建议。

这条路完全是它（汽车有限公司）造成的，所以我强烈地建议应该由它把这条路修好，应该铺上沥青路，反正就搞好、修平，是不是？这完全是它造成的嘛，因为路修平以后呢，噪音小啦，灰尘少啦，事故也少啦，以前发生什么撞车啊什么的，都有。三四年前，路边抢劫的也有，撞人的也有，所以它这个路带来了三大问题，一个是噪音，一个是

粉尘，一个是安全。（QT5）

　　但很明显，有些风险并不完全是这条路本身所带来的，受访者之所以在主观上将这些风险与道路问题捆绑在一起，使得原本的风险后果得以"放大"，原因可能在于，一方面对真实的风险后果没有准确的概念（这一点在后面关于风险后果的分析中体现的非常明显），主观上以一种自然联想的方式将与这条道路有所关联的负面事件都理解成其后果，这种方式属于无意中的夸大；另一方面可能是有意为之，以一种夸大的方式凸显道路带来的不利影响。

拖车经过小区正门所带来的噪音是被受访者反映最多的。另外一类风险是汽车厂的广播声给小区居民带来的日常生活上的不利影响。群体访谈时，一位受访者详细地描述了两种噪音：

　　我觉得汽车厂啊，吵闹声，早上开扩音器，广播啊，早上七点钟开到八点半，下午是五点钟开到五点半，下午影响不大，主要是早上，早上七点钟开，开一个半钟头，他们汽车厂早上上班是八点半，开扩音器好像有点虚张声势的那个样子，我没有人我都开着。现在呢，人家一般都不用高音喇叭啦，它这里用高音喇叭，如果能用一个低一点声音的，那就没那么大的吵闹声了。我提一点，那个广播时间能不能短一点，或者是改成低音喇叭，对着我们这边的高音喇叭撤除、关掉。加上早上那个平板车来来回回，乒乒乓乓，吵得够呛。晚上我们开电视了，车的声音要好一点。但是呢，开大声吵到人家，开小声自己听不到，我们有时候听新闻哪，听到一半，突然车过来了，就不知道在讲什么了。我们开玩笑说，其他地方放个屁都听得到啦，现在那个车那么大的声音，其他什么都听不到。所以，这个人为的声音能不能想办法降一点。（QT5）

通过我们的访谈、观察，发现两种噪音中，第一种是被反映得最多的，第二种只有极少数受访者涉及。因此我们后面分析部分主要针对第一种噪音展开。

一般情况下，城市居民都会受到噪音的骚扰，但是这种影响往往在居民的可承受范围之内，不至于影响到他们的作息，或即使影响到他们的正常作息，居民也能在较短时间内适应这种噪音。但 A 汽车有限公司运送零件的拖车带来的声音过于刺耳，小区居民根本没法适应这种噪音带来的侵扰，就像一位受访者说的，"声音太大太刺耳，每次车子经过时，感到整栋楼都在抖，像发生了地震"。（GT8）噪音带来的间接后果，按照居民的说法，"晚上没法睡，白天没精神"。（GT7）更多的居民则关注的是噪音对下一代的影响，"对我们还好一点，我们就这样了。孩子们上学根本就提不起精神，耳朵里经常都是嗡嗡声，也不知道将来有没有后遗症"。（QT3）

三、反光

反光主要影响面对汽车制造厂的两栋楼的住户（也是小区正门旁边的两栋楼），反光来源于住户对面的汽车制造厂顶层安装的不锈钢，白天反射阳光，晚上反射灯光，刺眼的反光使得正对汽车厂的住户白天晚上都必须紧闭窗户。而且据他们反映，仅仅关上窗户还不足以应对反光，还必须拉上窗帘，以至室内的空气长期无法流通，住户感到非常的压抑和无奈。较高层的住户所受影响最大，反映也最为强烈。

（用手指 A 汽车有限公司的一栋楼）那边顶上，不知道是什么料，（手指正对汽车有限公司的小区楼）他们那栋楼的说有反光，我是看不

到了，就那里（用手指），他们那边顶上的是不锈钢，已经照到人家屋里去了，白天连窗户都没法打开，就是这些楼。（GT1）

那上面（手指向汽车有限公司房顶），他们装了不锈钢，不知道是做什么的，只要是晴天，就会有反光，正好照到我们这些住高层的，有时候都发烫。晚上他们通常上班到很晚，那就反射灯光，太刺眼。他们都笑话我们说我们不过晚上。（GT7）

还有一个就是他们提到的，它那个屋顶啊，盖的那个反光，就像在雪地里那样，就是那种感觉。（QT9）

居民所描述的三类风险中，油漆味带来的不利影响在受访者的回答中最为普遍，结合我们现场调研观察，这似乎是影响全小区的风险事件。另外两类风险主要影响与汽车制造厂一街之隔的两栋住户楼，其中以噪音带来的影响反映最为强烈，其他居民虽偶有涉及，但似乎对他们影响不大。至于反光，反映者在少数。

仔细分析小区居民的上述回答，我们发现，无论是油漆味、噪音还是反光，都是能通过人们的感官所能觉察（闻到、听到、看到），且其后果是在小区生活中显而易见的事件。小区居民在描述这些风险带来的各种不利影响时，通常从个体的切身感受，以及各种风险事件对日常生活秩序的破坏角度来认识风险。

实际上，根据我们收集到的 A 汽车有限公司的相关资料，结合田野调查中的观察，发现 A 汽车有限公司带来的风险类型还有很多，比如：污水（由于地势原因，我们访谈的小区位于汽车厂排放污水的上游位置。A 汽车有限公司所制作的宣传册和官网环保宣传中是说达到了污水的零排放，这与实际情况有所出入）、放射性、少量废弃物（汽车制造厂采取了一些特殊措施，使得废弃物很难被一般小区居民发现）等，然而，在访谈中几乎没有一个受访者主动提及这些风险。当我们就这些问题试探性地请受访者谈谈看法时，他们表现得相当冷漠，比较典型回答是，"没感觉到啊"、"没看到啊"、"这个就不太清楚"。（GT7，GT9，GT10）有一位受访者说得更清楚："这个我们哪能知道呢？曾经听说过这些东西会伤害人们的身体，我们没有什么感觉啊，也没听他们说过有什么具体的影响，也没发生什么事。就像旁边某医院，我们反对过，大家都知道它是一个传染病医院，听说凡是治疗不好的各种病人都会转移到这个医院，那大家就害怕了，大家就有这个意识了，住在医院旁边的人带头起来反对。"（GT13）可见，在小区居民眼中，这些通过感官难以觉察的风险，在他们的意识中似乎没对他们造成影响，也难得重视。也正因为很难觉察，他们在无意识中忽略了这类风险存在。在这里，感官成了小区居民风险感知的过滤机制。当风险能被感官所觉察时，风险存在；当风险不能被感官觉察时，人们忽视风险的存在。而且这个过滤机制与日常生活秩序（比如：休息）息息相关，就像上述材料中反映出来的那样，人们往往是从风险带来的正常生活秩序混乱角度来理解风险。认为各种不利风险后果是正常小区秩序的"不合时宜之物"（matter out of place），是对个人的或"清洁空间"（personal or clean space）的破坏。这一点与之前的相关实证研究（Bickerstaff and Walker，2001；Moffatt et al.，1999；Hedges，1999）结论相吻合。

我们的发现与道格拉斯和威尔德韦斯的观点是一致的（Douglas and Wildavsky，1982）。他们认为，人们的风险感知是由他们所属的文化类型或生活方式所决定，当风险威胁到现有生活方式时，人们倾向于重视和高估风险，当风险没有影响到或是维持现有生活方式所必需之物时，人们倾向于低估或有意忽视风险。换句话说，人们对破坏生活秩序的风险更具敏感性。小区居民认识风险以及赋予其意义的方式也与国外关于外行公众（lay public）风险感知的研究结论相吻合（Irwin et al, 1999）。

一般认为，小区居民根据自己的亲身体验来判断风险，从科学的角度来说是不合理性的，对一些隐蔽性较强（如放射性）的风险的无意识，是科学知识缺乏的表现，因而，外行大众的风险认知是错误的、不可信的。如此一来，风险管理的职责之一就是如何普及科学的风险知识。因为按照这个逻辑，风险知识越普及，人们的认知越统一，认识越正确。这就是早期风险认知研究中所提出的著名的"缺陷"（the deficit model）模型所隐含的风险管理意涵。然而，必须明确的是，这个模型是站在科学的立场，以一种自上而下的方式来理解一般外行公众对风险的认知，是科学霸权的体现。我们的调查表明，公众的风险认知确实不是或不完全是从科学知识的角度来进行的，一方面这类知识对于他们来说是很难接触到，就像一位受访者所说的那样，"我们老百姓哪能了解这些东西呢？从来没人跟我们说过。印象中只有旁边建某医院时，大家反对。就有人发一些传单说什么那个专家说没有危险。后来和他们就这个事发生了一些冲突，他们就请了两个人来解释这个事，据说是什么学校的专家，谁知道"（GT4）。另一位受访者说："从电视上能看到一些，不过不是说汽车制造厂的，其他就没地方知道这些知识了"（GT9）。另一方面，即使偶有接触，也不见得信任这些知识，这一点我们将在后面部分详细说明。两方面的原因促使他们自觉不自觉地从日常生活的角度来进行风险的判断和评估。因此说，专家与公众的风险认知逻辑是不一致的，专家总是倾向于从科学知识的角度出发来解析和认识风险，居民则从自身生活的角度来认识和赋予风险以意义，当风险扰乱或威胁到正常的生活秩序时，他们认为风险存在，当风险具有隐蔽性或还没有显示出其破坏正常生活效应时，他们没有意识到或有意忽视风险的存在。因此生活方式的正常与否在此处就成为了居民认识风险的选择机制。当然，从科学的立场来看，公众的认知逻辑无疑是有缺陷的和不理性的，然而，在缺乏风险的科学知识前提下的公众风险认知方式立足于日常生活，以自身生活经验或体验来理解风险，从生活理性角度看有其合理性一面。

我们的调查结果与德国社会学家贝克在《风险社会》一书中所描述和解释的现象也有所不同。贝克认为，当今社会是一个风险社会，人们生活在一个危险既不能看见也不能被追踪环境中，从而形成了风险认识上的专家依赖。我们的研究很难支持贝克所说的，对风险的认识"不再仅仅是从个体经验到一般性的判断，而是缺乏个体经验的一般知识变成了个体经验的或他称之为二手非经验的核心决定因素"（贝克，2004：72）。

那么在具体的社区情境中，居民是如何理解这些风险带来的后果的呢？

第二节　环境健康风险后果描述

综观我们的调查结果，小区居民对环境健康风险后果的认识体现出以下三个特征。

一、共同性

就像上述第一个问题反映的那样，我们访谈所获得的资料表明，居民感知风险的过程体现出了一致性的一面，这种一致性主要表现在如下几个方面。

（一）经验性

小区居民判定风险是否存在，主要是根据自身的感官经验来进行的，而对于他们所认定的特定风险后果的看法，除了感官经验之外，其他途径所获得的一般生活知识也发挥着重要作用。就我们的调查所得到的资料反映出，在风险后果的判定过程中，各种感官、传承的文化、小区的共同生活体验以及个人独特生活经历等活生生的生活经验均扮演不可或缺的角色。很少有居民从所谓的科学知识角度来衡量风险，除了难于接触到这些知识外，专业化知识的深奥难懂以及基本信任的缺失，也是居民无法或不愿从知识角度判断风险的原因，就像一位受访者谈及小区旁某医院纠纷时说的："他们找了几个人，说是专家，说的那些我们根本不懂。我们就是看到他们的排污池全是污水和其他的脏东西，气味很难闻。还说对我们没影响，怎么可能呢？"（QT4）虽然小区居民所举事例与我们调查的 A 汽车有限公司没有关联，但从中我们可以看出他们对于专业知识和所谓专家的一般态度。

感官的作用在上述第一部分我们有详细的说明；这里所说的传承的文化不指受访者直接从书本或其他媒介上直接获取的知识，而是在生活中，通过与父母及他人互动获得的、间接的风险知识。这一点在我们的访谈中处处有所表现，当我们问受访者，他们是根据什么来判断 A 汽车有限公司带来的特定风险对他们的危害时，虽然答案每每不同，或没法具体准确地点明危害是什么，但是大多数人表示，他们的认知根据就是，"这是从小就知道的事"（GT12）。这里小区居民没有直接用文化传承这种正式的字眼，但是很明显，以我们的理解，"从小就知道的"实则等同于是通过上一代或别人的言谈而获得的间接经验，一直以来已经内化为他们自己的内在风险知识，一旦面临风险，这些知识就以一种袖里乾坤的方式，发挥知识储存器作用。如果进一步追问，"从小是如何知道的"，小区居民反而不知道如何回答。仔细一想，这类情况不难理解，我们每个人在生活中或多或少都面临过类似的情境，平常的生活经验以一种非常自然，且不带任何怀疑的方式对人们的认知发挥着作用；社区的共同生活体验在我们的调查中，主要体现为小区居民在谈及 A 汽车有限公司带来的各种风险及其后果时，总是将社区生活中的具体感受作为依据。比如：一位受访者从社区的历史沿革中，通过比较汽车有限公司引进前后，社区生活各方面的变化，在比较中详细说明了风险对于日常生活的破坏作用。

　　第二个问题呢，南边这个（汽车有限公司）是市里的重点企业，给这个生活区带来的危害是长期的，甚至是十年、二十年、三十年、五十年。过去这个前面是一个果园，一个农园，还有一个食堂，青山绿水，环境非常优美，交通呢，没有现在这么发达。环境非常好，原来我们住的不是现在这种商品房，空气是南北对流，有些房还是三面采光，现在建的商品房都是一面见到阳光，其他三面都是黑的，这种情况下呢，一代人、两代人、三代人都受到了切身的危害，一个是生态环境破坏了，第二个呢，他本身搞个厂在这里，每年十万辆、十五万辆，不光是某市，全国到处都是追求 GDP 的增长，越增的多，功劳就越大，对吧。那么这里搞这个厂呢，说老实话呢，把这个厂搞到××区（A 汽车有限公司新建成不久的分厂），一起迁过去多好啊。这里以前是个生态区，生态环境很好，现在有这个汽车厂，还有周围其他很多厂，没有办法。汽车厂带来的这些污染再怎么清理、净化都没用。这个一厂（我们调查的这个汽车厂是其本部）比那个二厂（A 汽车有限公司分厂）更差，二厂我们去参观过，这个就是竖了很多烟囱，烟囱林立，那里散发出的油漆味很重，那个油漆含有很多化学成分，油漆的化学成分我们还说不清楚，实际上远远不止一个闻到的气味的影响问题，那个烟囱很矮，一刮大风，特别是上半年春夏季，往这边吹，对我们的生活影响太大。（GT6）

个人独特的生活经验主要反映在对相同风险的不同看法上，我们将在下文谈及公众风险的认知差别时详细分析。

我们根据小区居民的回应所总结出的上述几种经验类型，无论是直接的风险体验，还是间接的风险知识，都表明，小区居民的风险后果的判断与通常所说的科学的风险知识相距甚远。

（二）风险后果的严重性

在我们的访谈中，问及公众对三种风险后果的看法时，他们通常用比较的方法来谈及风险后果，风险后果的严重性程度成为小区居民感知特定风险的一个重要维度。比如，一位受访者在谈及油漆味、噪音等为什么没有引起大规模的小区居民的反对行动时，他是这么说的：

也没有什么具体的伤害啊，大家都习惯了，反映又有什么用呢？旁边那个某医院是传染病医院，那个才严重呢，比汽车厂带来的这些问题严重多了。比较起来这个就不算什么啰。（GT13）

另一位受访者的回答也能表明这一点：

油漆味我们虽然经常闻到，但也没什么明显的伤害，就是难闻。（那噪音呢？）噪音主要是小区门口那栋楼影响比较大，我们要好一点，比油漆味要好一些。后面那个搅拌厂带来的影响更大啦。你看我们这里

的空气长期是灰色的，都是它的影响。（GT2）

　　风险后果的严重与否是小区居民进行比较的基本依据，而对于风险后果的理解则是根据自身日常生活中的具体体验来进行的。当对某些风险源带来的后果感受较深时，他们倾向于认为这类风险源带来的危害更大。不可否认，以这种方式来比较不同风险的危害，从科学的角度来看未必合理。对于严重性的判断或许也有失偏颇，未必与实际情况相契合。然而，在我们的访谈过程中，受访者普遍使用这种方式来对风险后果的严重性进行解读则表明，其存在必有合理性基础。就我们所搜集到的资料尚不能对这个问题进行有说服力的解释，但从个别受访者的说法中，也能看出一些端倪。在谈到小区面临周边各类性质的企业带来的各类风险时，这位受访者是这么说的："其实我们对这些事情都习惯了，也没什么办法，有什么法子呢？也没想有人能将这些问题解决，能重视那些对我们影响比较大的问题就不错了。"（GT2）小区居民总是从社区生活的角度来看待风险及其严重性，他们总是希望能将大的风险事件带来的危害降到最小，而具体风险带来的不利后果的大小之辨则是通过上述比较的方式，以自身的社区生活体验为标准来判断的。与其从专家的角度来说这是非理性，毋宁说这是实践（生活）理性在小区居民的风险认知中发挥作用。心理测量学关于公众风险感知研究中，也涉及了特定风险的严重性是公众感知风险的一个重要因素，然而，仅仅停留在心理层面分析似乎不能有效地解释这个问题，它没有看到心理层面背后的社会文化因素的作用。

　　（三）风险感知中的情绪反应

　　我们的调查还反映出，在人们理解风险后果的过程中，一些情绪性的因素，比如：生气、焦虑、担忧等，在其中起着重要作用。比如在谈到这些风险长期存在，久拖不决时，公众的表情和语气中普遍表示出无奈和愤怒。一位受访妇女是这样说汽车厂带来的油漆味的：

你说我们有什么办法。不能说不让汽车厂不生产吧，我们也没这个本事，市里都支持它。只要它在我们旁边，只要它生产汽车，就解决不了油漆味，谁让我们就住在旁边呢，活该我们受罪。也没人管我们，反映也没用。有钱的都走了，就剩下我们这些没钱的在这里。（GT13）

像这位受访者这样手舞足蹈、义愤填膺却又无可奈何的居民是很普遍的。有的受访者最担忧的是这些风险后果的短期内的不可见性，以及时间的滞后性会给他们的下一代带来伤害。

你问我们这些东西能带来什么影响，我们也说不清楚，它那些化学成分我们也搞不懂，只有根据我们了解的说说。我们都无所谓啰，年纪都这么大了，就是怕这些东西对孩子们有伤害。具体伤害也说不清，也没人和我们说过，我们也不知道有没有办法预防。（GT7）

小区居民风险感知过程中伴随的情绪反应在我们的访谈过程中比比皆是，至于这种情感在风险认知中起何作用，是风险事件影响了情绪，还是情绪影响了对风险的看法，抑或是相互作用？我们的资料尚不能回答这个问题，但两者之间的关系是值得进一步探索的课题。

二、差异性

社区居民对风险的理解有一致性的一面，至少在面临的风险的种类上呈现出高度同质性。然而，这并不意味着对各种风险后果的看法高度统一，相反，人们对风险后果的严重性程度展现出各个相异的理解。

关于油漆味，其中一个受访者（小区门卫）是这样描述后果的：

影响肯定大啦！那个油漆味对像我这样整天待在门口的人，每次那个味道来的时候，我就恶心，吃饭都能想起那个味道。还有，你看我这脚上老是痒，肯定与它多少也有点关系。（GT1）

个体类似的亲身体验不同，对风险的后果判断各异。并不是所有人都像上述受访者那样的义愤填膺。有两位受访者的回答就对油漆味带来的影响体现出了一定的包容性，认为其在可接受范围之内，而这种判断则是建立在本身较少受到这种油漆味影响，对汽车制造厂的环保措施的理解，以及与其他风险源带来的危害的比较基础上。

油漆呢，就是刮风的时候有一点味道，也很正常的啦。比后面的水泥搅拌厂好多了，每次刮南风的时候，空气中都是沙子。（QT2）

影响不大，油漆味也不是很明显。因为我看它在环保这一块做得还可以。对我就影响不大，对别人不知道。我们也很少出去搞那些八卦新闻啦。（QT6）

实际上，据我们与 A 汽车有限公司的个别中层管理者的非正式交谈中了解到信息，汽车制造的油漆程序是必不可少的，油漆味的散发对周边小区的影响是一个很难解决的问题。更为重要的是，汽车有限公司本身并没有在减少油漆味的问题上进行过相关的探讨，更没有采取具体的措施来解决这个问题，虽然当地基层政府也出面干涉过这个问题，但正如这位管理者所说的："我们除了厂址在这个区外，与这个区没有任何其他的联系，包括没有领导与被领导，监管与被监管的关系，我们有事都是直接和市政府甚至省政府联系。"由此可以想象，基层政府的干涉的效果所能达到的程度。然而，与其他风险源相比，人们对 A 汽车有限公司的总体环保工作评价较高，他们也确实采取了很多具体的环保措施，比如，废弃物与污染物的最少化与妥善处理。了解这一点的小区居民对汽车制造厂总体上持一种肯定的态度，这种态度对具体风险的认知和判断产生了影响，换句话说，人们对具体风险的看法有时反映的是对风险源的总体看法和一般态度。当对风险制造者的总体看法持正面态度时，人们倾向于接受和低估具体风险，当持有负面态度时，往往反对和高估风险。一位受访者是这样说的：

它（A 汽车有限公司）不错，虽然给我们的生活带来了一些影响，虽然气味比较难闻，噪音影响他们（街道旁边的住户）休息，但也没那么严重，还不至于到大家起来反对他的程度。（QT9）

对于几乎公认的影响很大的噪音问题，以及正对汽车制造厂的两栋住户反映的反光问题，其中两位受访者也持相反意见。

对我个人来说我觉得影响不大，那条道路已经改了，没什么事情。影响不大，对我个人来说哈，其他人就不知道。（QT5）

反光？哪里有什么反光。那跟我们这么远，我们这栋楼又不高，哪有什么影响啊。那可能是他们住高层的，我就不知道。（GT12）

另一位受访者也表示相同的看法。

对我个人感觉就是，应该是没什么影响，对我个人来说哈，对小区影响也不大。真正有影响就是那个搅拌厂，它（A 汽车有限公司）对我们没什么影响。（GT6）

从受访者的各种回应中，我们可以发现，人们理解风险后果往往是从两个层面来进行。一方面，人们站在个体的立场，以自身的切身感受和体会认识风险，感受不同，对后果的认识不一致。当对风险带来的危害有切身的体会时，人们倾向于承认风险，当没有对自己产生影响时，人们倾向于否认或低估风险。但这并不能说明风险的理解完全是个体性的；另一方面，人们也从社区层面来理解风险，阐述风险对社区生活的影响。具体到个人来说，可能认识风险过程中，这两个层面中的某一个影响力更强一些。两个方面整合在一起形成了个体特殊的风险经历，这种不同经历导致个体具体的风险判断上的差别。个体之间在风险后果认知上的差别，除了受个体经历影响外，对待风险源的一般态度也在其中起重要作用，不同风险之间的比较也是认识具体风险后果中的一个重要因素。

表面上看来这些因素显得十分零散而不成系统，但其背后的共同之处在于人们是立足于社区生活经验来谈论风险后果的，这一点从受访者所引用的具体事例以及用来比较的对象中都有明确的呈现。生活经验中的共同部分是形成他们一致性看法的原因，差异部分则与每个个体的独特的经历相关，正如那位受访者所说的，"对我个人来说"是这样，对其他人而言，可能不一样。

另一个有趣的现象是通过我们调查过程中的观察和文字资料分析表

明，对风险的看法还存在性别差异，与男性相比，女性普遍表现出对风险更多的关注，而且对风险后果的严重性程度的评估也更高，这一点可以通过她们的表达方式、语气和表情清楚地得以呈现，部分女性说到激动处伴随有激烈的肢体动作。性别之间的差异就我们所获得的材料来看很难得到解释，起初我们认为，女性之所以对风险更具敏感性，可能是由于其更多地在社区内生活（我们访谈的小区的妇女基本上都是居家女性），受风险的影响时间更长，但分析受访者的背景资料，我们发现，一些年龄较大的退休男性没有表现出女性对于这些风险的敏感性。加之这个小区的劳动年龄内的男性几乎都在稀土厂工作，这也是一个高辐射、高污染的职业，逻辑上讲这些人应该具备较强的风险意识，应该比居家女性的风险敏感性更强，但事实却正好相反。之前有相关的性别与风险感知之间的比较研究，但结论比较复杂（Teigen et al.，1988；Bastide et al.，1989；Karpowicz - Lazreg and Mullet，1993；Gustafson，1998），在不同群体间存在差异。比如弗林（Flynn）等人的研究表明，在白人中，女性比男性对风险具有更强的敏感性，而在非白人中，这种差别并不明显。他们的研究认为，风险感知中的性别差异在一定程度上依赖于诸如权力、地位和信任等社会政治因素（Flynn，Slovic and Mertz，1994）。另一些研究则认为性别在风险认知上存在程度上的差别与生理有一定的关系，有人就试图从生理学的角度分析两者之间的差异。

除了不同个体之间在风险后果上的看法存在差异性外，同一个体在陈述风险及其影响有时也表现出前后不一致。一位受访者在描述风险后果时表示"脚痒、恶心"都与油漆味有关系，可是当我们在访谈结束时让她指出具体的伤害时，她是这么说的：

也没有，没有具体伤害。（GT1）

另一位最初反映噪音带来的问题很严重的受访者同样表现出了这种倾向，对风险后果的严重性程度的理解前后表现出了较大的差异：

就是那边那汽车，也是有噪音，就是晚上会突然就响一下。（QT3）

这种理解上的前后不一致实质上反映的是人们对于风险带来的后果的不确定性。通过对访谈资料的进一步分析，我们发现这种不确定性几乎在每一个受访者的回答中都能找到。

三、不确定性

当小区面临多种风险威胁，而居民对这些风险带来的具体危害知之甚少时，在风险源和风险后果看法上通常表现出某种程度不确定性，这种不确定性有时又会导致上述分析中所涉及的风险后果看法上的前后矛盾现象。受访者在被问及油漆味带来的影响时是这么说的：

（有没有明显的伤害？）那不知道啊，我就是整天在这里痒啊！不知道是怎么回事，不知道是不是它（汽车有限公司）那里的影响，我不知道。（GT1）

要说具体的伤害倒没有，就是气味难闻，味道重的时候想吐，其他头晕啊，空气中灰尘重是不是它（汽车有限公司）带来的也不好说，到处都是工厂。（GT9）

除油漆味外，访谈过程中，受访者也经常主动提及对其他风险源及其后果的理解，同样地表现出类似的不确定性，因此，不确定性是小区居民在复杂的风险环境中理解特定风险的固有状态。一位受访者如此说：

前几年那个水泥厂，我们早上起来一看，哇，小车上面一层白色的，（那是什么东西？）不知道是什么东西，呵呵呵。可能不是他们带来的，不知道是哪里带来的。听说有人反映过，也没处理，有没有查到那里去不知道，没有回音。就是到处的都是一层厚厚的，不知道是怎么来的，他们说是水泥，可是水泥也不是那么白。我们这些百姓不知道是哪来的，他们打电话去上面，他们（上面）知不知道搞不清楚。（GT9）

有学者将风险感知中的不确定性分为"外在"不确定性和"内在"不确定性两类（Kahneman and Tversky，1982）。外在不确定性指客观存在于个体之外的、科学知识不完备导致的无法完整正确理解风险状况，这类研究多数是通过测量受访者对这种客观不确定性的反应和应对；内在不确定性是指个体感觉到知识的不完备而引起的内在状态，根源在于个体自身。我们访谈过程中更多地接触到的是内在不确定性状况，一位受访者的说法很有代表性：

我们普通老百姓，哪里知道油漆味和噪音对人们有什么伤害啊！专家知道，也没人和我们说啊。平常有什么头痛啊，身体不舒服啊，有时候闻到气味想呕吐啊，就想到可能是他们带来的影响，是不是也说不准。（GT13）

之前众多学者对公众风险感知中的不确定性进行过解释，在特定案例研究的基础上，他们认为，"无知"（not knowing）是主要原因（Adeola，2000；Hallman and Wandersman，1992；Powell et al.，2007）。我们的访谈则发现，这种不确定性现象的背后动因非常复杂，不仅仅与知识（知道或不知道）有关联，一些情感的、信任的因素与交流的过程似乎与小区个体的不确定性体验以复杂的方式纠缠在一起。当风险影响到正常生活作息时，人们往往对风险后果的不确定性以及风险的未来发展趋势表现出焦虑，生气之情溢于言表。

　　觉也没法睡，窗户也没法开，气味还那么难闻。白天和晚上都没精神，也没人来处理，反映也是白反映，还不知道将来会变成什么样！（GT5）

　　我们能知道什么呢？就能看到、闻到的影响我们能肯定，其他影响有没有我们也不知道，知道了又有什么用呢？还不是一样，谁管哪？（GT7）

　　信任（不信任）也是产生不确定的来源，因为特定风险后果有时必须通过来自于政府或与其相关的科学家或专家来进行测量和评估，他们决定了公众知道什么和不知道什么。因此，对管理者及其代表的规则、制度的信任就显得尤为重要（Cvetkovich et al.，2002；Freudenburg and Pastor，1992）。

　　现在的电视啊、报纸啊，很多东西都不能信，给钱就讲好话啦，这社会是存在这种现象的。他们说的也经常是互相矛盾，信谁呢？（GT6）

　　一般认为人们的交流互动过程对于风险的不确定性的降低具有积极的正面作用，然而我们的调查发现，小区内部居民之间茶余饭后的沟通，有时也会产生新的不确定性。因为每个人所拥有的关于风险及其后果的知识有矛盾性的一面，虽然在交流沟通的过程中某些方面能达成一致，然而，不能取得共识或增加了新的不确定性的情况也比比皆是。

QT6：汽车制造厂基本上没什么风险，主要是后面的搅拌厂和旁边的某医院。

QT9：（汽车制造厂）的油漆味很难闻，对我们小区伤害太大。

QT7：油漆味可能还好一点，主要是那个噪音。

虽然这些回答与个体在生活实践中的实际感受上的差别有关，但是关于风险危害观点的不一致性和不确定性，也反映出日常生活中的互动对人们的风险的作用并不是单线条的，既可能产生协调一致，也可能带来更大、更多的混乱。

正如以前的学者所表示的那样，风险认知中的不确定性是一个非常复杂的课题，由于资料的限制，我们没法分析个体之间在社会人口学变量（年龄、性别、教育、收入等）上的差别是否与不确定性的感知存在系统的关联，但有一点可以明确的是，上述各因素与不确定性之间的关系可能不是简单的线性关系。而且各因素与不确定性之间的何者为因、何者为果有时很难分清，比如情感与不确定性之间，是因为对风险的焦虑、气愤等导致人们不确定性感增强，还是不确定性本身带来了焦虑和气愤，很难说清。

第三节　小结与讨论

根据上述描述和分析，可以发现，小区居民辨识风险最主要是通过自身的感官来进行的，当风险的表征能通过眼、耳、鼻及其他知觉器官看、听、闻或感受到时，他们承认风险存在。感官成了公众判断风险是否存在的过滤机制。与此同时，人们对风险的感知还与风险带来的正常生活秩序的变化有关，当风险危及人们的日常生活时，人们倾向于重视风险，当风险没有危及现有生活，或风险是现有生活得以继续进行下去的必然之物时，人们倾向于忽视或否认风险。对 A 汽车有限公司带来的三种主要不同风险，小区居民从自身生活体验出发，做出的相同或相异的解读都明确地显示出这一点。

在对特定风险后果的理解上，小区居民既表现出共同性的一面，也显示出一定的差异。生活经验，包括小区共同生活中形成的共享经验、文化传承中所获得的间接风险知识以及个体独特的经历，在小区居民的风险感知中共同发挥作用；在小区居民的风险理解中，风险后果的严重性程度是其衡量和重视风险所要考量的重要因素，对于严重性程度，小区居民通常以比较的方式，以自身日常生活体验为基准进行主观判定，所谓科学知识在这里似乎不发挥任何作用。一方面科学知识对于小区居民来说难于获得，另一方面这类知识的专业化可能对于他们来说存在理解上的困难，更重要的是，对专家、风险管理者的不信任，进而对科学知识的不信任是一种普遍的现象（在关于信任的部分有详细的分析），从更深层次来说，这种不信任是对（风险管理）制度的不信任；另外一个普遍存在的状况是，在小区居民的风险理解中夹杂了各种情绪因素，包括愤怒、生气等，至于两者之间的关系呈现何种特点，是情绪影响风险感知，还是风险感知产生情绪上的变化，尚有待进一步研究。

除了风险感知中体现出共同性一面外，差异性也随处可见，这些差别主要体现在对特定风险后果的表述上。在对待风险源的一般态度上也存在一定的差别，这种差别影响小区居民对于风险及其后果的一般认知。这些差别不仅在个体之间存在，在个体内部也时有显现，主要表现在个体对待同一风险前后相矛盾的表述上，但就我们的访谈所获得的资料，尚不能判断是何种因素导致了这种认知上的差异。虽然从性别上看，差异似乎有规律可言，但要真正确认这种差异性，以及其他社会人口学变量与这种差异性之间的关系，需要专门的调查研究。至于为何在共同性中又体现出一定的差别，我们的研究表明，共同的小区生活中形成的共享经验是型塑小区居民风险认知共性的根源，而个体独特的经历则是差异性存在的主要原因。

除此之外，由于所处风险环境比较复杂，也由于对特定风险的科学知识的缺乏，小区居民对特定风险之源头和后果的看法表现出明显的不确定性。这一点也表明，小区居民生活的特定环境对风险感知的形塑作用不可忽视，离开对特定情境的了解和分析，不能全面地理解小区居民是如何感知风险。就我们调查所获得的资料表明，不确定性与多种因素相关，包括小区特殊的区位、情感的、信任的因素以及小区互动过程等。而且这些因素与不确定性之间并不是简单的线性关系，它们之间的关系在受访者的问题回应中表现得十分复杂。

我们的研究结论中所表现出的风险感知的丰富性，不是道格拉斯与维尔德韦斯所提出的文化类型学的宏观理论所能解释的，按照他们的说法，不同的文化类型决定了人们的风险感知差异，同一文化类型内部人们的风险感知同质性较强（Douglas and Wildavsky，1982）。但很显然，在我们的研究中，小区居民风险感知中的共同性的一面与差异性的一面是交织在一起的。也很难对小区居民所遵从的文化类型进行细分，因为就我们的研究个案而言，小区总体面积很小，居民在生活方式等方面表现出较强的同质性。公众风险感知的心理测量范式所提供的答案——"恐惧"与"知识"是人们理解风险的两因素，也不能反映出公众风险认知的丰富动态（Fischhoff, Slovic, Lichtenstein, Read and Combs, 1978）。首先，心理测量学主要研究和分析的是公众风险感知的共同性的侧面，根据我们的描述和分析可以看出，仅仅以这两个因素来解释风险感知中的共性是不完整的；其次，心理测量学范式不能解释风险感知中差异性，尤其是个体之间的差异，而我们的研究中展现出这种差异是小区居民理解风险的一般化特征；最后，我们的研究结果表明，仅仅从个体心理角度解释风险感知是不准确和不深刻的，个体心理反应更多的是一定社会文化环境作用于人的结果，看不到特定文化情境和居民生活小区的历史变迁对风险感知的形塑作用，无法比较完整全面地了解公众的风险感知的全貌。

但无论是小区居民在风险种类的判别，还是风险后果的感知，无论风险感知中体现出的共同性的一面，还是差异性、不确定性的一面，都是小区居民从日常生活的角度出发，根据自身的生活体验和感受做出的判断，与所谓的专家风险评估的逻辑完全不同。

第四章

影响环境健康风险感知的因素

　　根据前述分析，Y 小区居民对 A 汽车有限公司带来的各类风险及其后果的感知中，共性与差异性共存，不确定性亦随处可见，居民的风险感知是一个看似简单实则复杂的过程。早期文化理论和心理测量范式均不能令人满意地解释这个动态过程。在风险感知过程中既有个体层面的因素起作用，比如，个人经历，也有社会文化层面的（比如，特定小区情境、共同生活经验）以及制度层面（比如，对机构、制度的不信任）的因素参与其中，更受面临的具体风险本身所具有的特性的影响，且不同层面的因素以各种现实的、复杂的方式交织在一起产生作用，使得公众的环境风险感知现象成为一个亟待破解的谜思。

　　探寻影响公众风险感知的因素也具有重要的现实意义。现实生活中，我们经常能见到环境健康风险制造方和公众之间就具体风险展开激烈的辩论、争论甚至对抗，某些时候政府相关风险管理部门也卷入其中。由于各方往往言辞不一、各执一端，使得双方或三方冲突愈演愈烈。原因何在？排除利益考量基础上有意识的欺骗，各方对风险的理解角度存在差异也是导致冲突的一个重要因素。经常见到的情形是，各方在各自的场域内自说自话，且能自圆其说，很难判断哪一方的话语正确。从这个意义上讲，了解公众理解环境健康风险的逻辑，探究影响公众看待风险的机制为何？与风险的制造者或政府相关风险管理机构在风险理解上存在的差别对解决由于风险理解角度上的差异带来的问题具有重要的意义。

那么，具体来说，有哪些因素型塑了居民的风险感知，使得他们对风险的看法呈现出高度的共性？又有哪些特殊的因素导致了共性之中显现出上一章所反映出的认知中的各种差异性？这些因素在居民的风险认知中起什么作用，如何起作用？

第一节　国外相关研究的解释

国外风险感知研究中对这些问题均有所涉及，然而，由于各学科看问题的角度存在差异，所获得的研究结论也每每不同。心理测量范式根据大量的问卷调查和统计分析表明，具体风险的"危害性"（dread risk）与风险在知识层面"不可知"（unknown risk）是决定人们风险感知的两个基本因素，风险的危害性后果越大，在知识层面越不可知，公众越感到恐惧，公众认为风险的威胁性越大（Slovic，Fischhoff and Lichtenstein，1982；Slovic，1987）。这一点在上一章的分析中，我们有所提及。需要注意的是，这里的危害性和是否可知内涵丰富，是多个影响风险感知因素通过因子分析而提取的两个代表性因子。就危害性而言，代表具体风险被感知到的"缺乏控制、恐惧、带来灾难的潜力、致命后果以及风险与收益的不平等分配"（Paul Slovic，1987：283），至于风险是否可知则包括具体风险的"不可观察、不可知、新的以及风险后果呈现的滞后性"（Paul Slovic，1987：283）。总之，心理测量范式认为，具体风险的特性决定了人们的风险认知。

贝克在《风险社会》中也涉及了公众的风险感知的分析。与心理测量学的论点不同，他认为在当代社会，由于风险性质的变化，人们已不能仅靠自己就能获得对风险的认识，专家依赖是公众风险感知的一般特征，大众传媒也扮演着框定风险议题和风险优先性排序的作用（贝克，2004）。也就是说，在风险认知中，一般公众仅仅依靠自身的主观能动性是无法认识风险的，必须通过专业化的机构或制度化的渠道才能了解风险的具体危害。这一观点与心理测量范式和下面我们介绍的其他理论思路大相径庭。当然，贝克在《风险社会》一书中所涉及的风险种类，大多是能带来全球毁灭性的风险，比如：核风险。这与我们所讨论的日常生活风险稍有不同。

"风险的社会放大"框架则强调了风险特性及相关信息经过各种途径传播至风险承受者和风险信息接受者的过程中，容易被"放大"或"弱化"，从而感知到的风险及后果与实际的风险状况相偏离。研究的焦点是哪些"放大站"在其中起作用，在他们看来，各种信息传播媒介、社会组织都有可能是放大站，而且这些放大站所起作用的方式也很复杂，涉及信息接收者与各传播媒介之间的互动，大量的实证研究都围绕这个互动过程进行（Kasperson et al.，1988）。就所搜集到的风险的社会放大框架指导下的放大站研究中，社会组织的中介作用涉及的较少，而各种大众传播媒介，尤其是报刊在公众认知风险中的作用则得到了比较充分的挖掘，但媒介在公众风险认知中的作用则充满争议。康巴斯和斯洛维奇较早探讨了大众传播媒介对风险的报道和公众认知之间的关联，他们发现，报道模式与外行公众对死亡原因的判断相互关联。但他们同时也指出，需要进行大量的研究来探究大众媒介报道与风险观念的形成之间的确切关联（Combs and Slovic，1978）。阿伦·梅热通过对三里岛和拉夫运河的案例研究，发现新闻报道的量对公众风险严重性的认知具有框定作用（Mazur，1984）；然而，雷恩则持有不同观点，他认为上述净量效应只是影响公众风险认知的因素之一，其他还包括过滤效应、删除或增加信息、混合效应（对消息中信息呈现的顺序进行更改）、均等效应（变换场景）、用词技巧以及他所谓的"立体声效应"都可能起作用，且这些因素相互交织在一起，很难区分到底是哪一个因素起作用（Renn，1991）；而弗洛伊登伯格等在实证研究的基础上发现，媒体报道总体上没有起到夸大风险的作用（Freudenberg et al.，1996）。因而，大众传媒与公众风险认知之间到底呈现出何种联系，似乎没有公认。除了风险的社会放大将大众传播媒介作为信息放大站之一进行了大量研究外，其他关于公众的风险认知理论也对其做了极为详尽的分析，然而结论不尽相同。贝克认为，传媒对公众的风险选择、认知有框定作用，同时也促进了公众风险意识的发展（Beck，1992）。另有学者不完全认同贝克的观点，他们认为，大众传媒对公众的风险认知的影响是一个关键因素，但未必是唯一的，更有可能不是决定性的（Reen et al.，1992）。对大众传播媒介的研究还存在路径上的差别，最初，研究者总是从媒介到信息接受者方向单维度考虑问题，将受众看成是被动的信息接收者，在实证研究过程中逐步发现，实际情况可能与这个假设相距甚远，公众在面对大众传媒带来的风险信息时，有一个解码和思考的过程，此过程包含了公众对风险信息的分析和判断，从而决定是否接受。换句话说，公众是主动行动者，信息与公众之间是一种互动关系，尤其在不同媒介提供的信息相互矛盾的前提下如此。

社会学以及风险的文化分析则走得更远，他们认为人们的风险感知受社会文化影响，对公众风险感知的探究需要放在具体的情境下进行，不同文化及亚文化群体中的个体在选择风险、对风险后果的认知上均存在差别，换句话说，文化及社会背景因素在风险认知过程中具有定向作用。但由于文化概念的高度抽象性，以及文化类型区分的困难，除了不同国别之间的比较外，很难检验文化理论的实用性，因此，更多的学者认为，应该进入到具体的风险情境中，探究不同情境下人们认知风险的方式。在建立公众风险认知的更为宏大的理论之前，积累更多的实证资料是当务之急。在这个理念的影响下，各国学者纷纷走向"田野"，针对具体情境下的具体风险认知做了大量的调查工作，调查结果反映出，风险是在日常生活中以大众传媒、个人经验和生活阅历、本地记忆、道德信念以及个人判断的话语为依据而建构起来的（Tulloch，2000：187；
Murdock，Pett and Horlick‐Jones，2003）。风险认知研究文献中通常见
到的"非个人影响假设"一词所表达的含义也在于此。目前为止，尚没
有一个理论能够比较全面具体地涵盖和解释这些因素的作用。

第二节　影响公众风险感知的因素

上述分析表明，不同理论对影响公众风险认知的因素的看法上存在
差别，即使是同一理论内部有时也存在争论，那么我们的田野调查结果
是如何回答这些问题的呢？在我们的半结构式访谈中，其中一个问题
是：你是通过哪些途径了解到这些风险对你们会产生各种不利影响？在
受访者回答此问题的过程中，我们会根据他们回答的内容等进行追问，
本部分的内容主要建立在这部分访谈的基础上。

一、知识与社区互动（风险交流）

环境健康风险知识的获得，与社区内外人际互动联系紧密，几乎每
一位受访者在回答研究者的问题中，都主动提到在日常生活中工作之
余，人际之间的交往谈论最多的就是周边企业带来的各种风险，也正是
通过闲暇时间的社区内外的交往，人们获得了一些碎片化的风险知识，
至于这些关于特定风险的知识正确与否，则另当别论。有受访者是这么
说的：

有时候和其他人聊天的时候，听说了一些污染方面的知识，也不知

道对不对，我们每天下午下班都在这里坐坐，相互之间就聊一些这些话题，也聊不出什么东西，就是说说自己的感受，多数人认为油漆味不会有太大影响，也有人认为影响很大，说是什么这个影响可能是慢性的，长时间才能看出来。我们小区退休（很多人 50 多一点就退休）的那些人 60 岁左右就死了，有人说多多少少都与这些危害有一定的影响，谁知道呢。(GT3)

然而，互动与风险知识之间的关系比较复杂，并不像我们想象的那样：互动能带来风险知识的增加。就像第一部分所表明的那样，社区互动中获得的知识是多样化和相互矛盾的，对于风险的认知有帮助的一面，也有使问题变得更加复杂化的可能，这一点从受访者的回答能得到很好的佐证。两位受访者的说法很有代表性：

整天都在谈这个东西（油漆味），每个人说的都不太一样，也不知道信谁，好像都有点道理。(GT6)

大家其实都不是很了解这些东西对我们有什么影响，都是从自己的体会说说而已，说来说去都是那些东西，有的说这样，有的说那样，你都不知道信谁，可能都不对，发发牢骚而已。(GT11)

可见社区互动与风险知识之间的关系比较复杂，在此过程中，有可能对风险及其所带来的后果认识取得一致，也可能接触到之前未了解到的风险信息，更可能的状况是相互之间的分歧找不到一个平衡点。无论是哪一种后果都可能带来的更进一步的影响是，互动的参与者可能为了驳斥、印证或更进一步地寻找证据而有意识地搜集更多的相关信息。有一位受访者就表达了相关的努力：

我们不相信他们说的，他们说油漆味不会对人产生很大的影响，就是气味难闻，其他没什么。为了这件事我专门问了我一个亲戚，他是从事化学药品生产与管理的，他说的也不是很清楚，就是说现在还没有很好的手段来检测油漆味带来的具体危害，只是对孕妇和胎儿，还有对呼吸道和肺部肯定有不好的影响。（GT11）

不同社区居民之间的互动也是获得特定风险知识的一个重要途径，由于我们选定的访谈对象所在地是与 A 汽车有限公司一墙之隔的小区，邻近的其他小区也同样受到 A 汽车有限公司带来的各种风险的影响，就相同的风险进行交流也就成了小区间居民互动的一个惯常性话题。个体之间的相同的、不同的特殊风险感受在日常互动过程中不断得到表达，使得居民的风险的"实践"知识逐步积累。就我们的研究而言，由于社区之间受到相同风险源带来的相同风险种类的影响，人们之间的感受和认知的共性的一面和差异的一面与上述小区内居民之间所呈现的状态相近。很少有居民表示他们就这些风险问题与较远的小区居民进行交流，但是从他们的言谈中，我们可以推断出这类交流是存在的，就像很多受访者所表达的，他们在稀土厂上班时，也经常在工作之余，谈及各自日常生活中风险体验，而据我们了解，除了小区大多数劳动力年龄人口工作于这个工厂外，还有很多来自于其他社区的居民也在这个工厂上班，他们之间的这种风险感受的交流必然会影响到各自的风险认知。

社区内外个体之间的互动带来风险的"实践"知识的增长，以及互动与风险知识之间的非直线关系，并不是特别难理解，我们在日常生活中或多或少也有相似的体验。然而我们的研究与之前国外的相关研究成果相比，有一个突出的特点——社区互动与经验（见下述分析）是小区居民获得风险知识的两条主要途径，其他比如大众传媒对居民的风险认知影响较小，国外相关研究则更多地突出报纸、小说、电影、电视等大众传媒的作用。原因可能有两点：一方面，我们所选择的个案处于城郊，很多传统的文化因素得以保存，这一点从社区建筑以及调查期间所观察到的人际之间的互动状况得以体现。在这个小区，最高层建筑是一栋七层楼的住户楼，而且就调查者的观察，整个社区没有一栋新建筑，大都显得破旧。另一方面，小区处于工作年龄人口中的绝大部分是在同一工厂中工作，在上班期间相互见面交流的机会就很多，闲暇时间更是三五成群，相互之间认识时间至少也有十年之上，城市中的常见匿名性在这个小区内部是不存在的，互动的机会比比皆是，因而保留有传统社区的大多特质。同时人们获取其他信息资源的机会较少，也很少有人积极主动地搜寻相关知识。就像一位受访者（大专文化）所说的那样：

　　我还隔三差五地看一些报纸，他们平常除了看看电视很少接触其他方面的信息，大都是初高中文化，没有这个意识。（电脑普及吗？）有一些家庭有电脑，谁会用呢？孩子用的多一点。（GT8）

　　这一切都表明社区生活方式传统的一面更多，从我们所调查到的知识与经验之间的关联也可以清楚地看到这一点。

　　二、知识与经验

　　之前的相关研究表明，人们的风险知识的主要来源之一在于家庭、社团及同辈群体等非正式群体内或之间的交流与互动（Coleman，1993；

Valente and Saba，1998）。除了上述互动外，我们发现社区居民的风险知识很大一部分来自于传统文化的传承，这些知识在个体社会化过程中已经内化于自身，与个体自身的风险体验一起，成为了认识风险的意义之源，"袖里乾坤"变成了居民口中的经验，变成了不受怀疑的、理所当然的事实，以至于当受访者被问及这些知识来自于哪里的时候，他们反而说不清楚具体的来源，甚至于语气变得不确定起来。一位受访者的回答很有代表性：

（有什么伤害？）肯定是有的啦，那个油漆，呵呵呵。（大概是哪些方面？）对肺部肯定是有的啦，（你是怎么知道它会对肺部有不好的影响呢？）那我就大致知道意思就这些咯，从小就知道啊，这是我们都知道的，经验啰。（GT5）

当然，传统文化传承中的风险知识与上述社会互动不能截然分开，但两者也不能完全等同，此处所说的知识传承可能来自于家庭、同辈群体、社区内外的互动过程，也可能来自于各类文本资料所记载前人的间接经验。比如，一位受访者是这么说的：

有时候能看到、听到一些祖辈的应对这些问题的方法，我们现在用的很多预防辐射的法子，像喝糖水啊，都是这么来的。（GT11）

这位受访者所说的预防风险的知识来源，在我们的研究中具有普适意义，似乎通过正式的官方的或来自于权威专家的风险防范知识对他们来说很难接触到。这一点我们将在后文风险的应对与预防部分进行详尽的分析。

还有另一类型的经验，仅仅与个体的特殊经历相联系。这些经历包括与某特定风险相关的特殊体验。比如，在谈到油漆味的影响时，一位女性受访者的回答很有代表性：

有什么影响？很多啊，难闻到想吐，像我这样不用上班的，整天都对着那个味，经常性头晕，浑身乏力，（你能确定这些都是油漆味带来的吗？）不是它还有什么？对其他味道都不敏感了，好像世上就这一种味道。（GT10）

也包括将已有的其他类型风险体验作为参考来看待现有风险，且大多数情况下两类风险之间没有任何关联。这种联想在我们的访谈中表现得比较明显，而且是以一种非常自然的方式进行的，受访者自身并不认为这种联想有任何不妥。

我们单位（稀土公司）很多职工都有一些慢性疾病，很多人在年纪不到60岁就死了（边说边摇头），是什么病具体也说不清，我估计应该是油漆味带来的影响。（GT2）

油漆味应该也是慢性的东西吧？平常我们能闻到的就是感觉有点恶心，不知道闻久了会不会得癌症，癌症不是很多慢性疾病引起的吗？（GT9）

表面看来，居民这种风险经验的借鉴在逻辑上是不合理的，然而，他的广泛存在则显示出这种解释机制具有其生成基础。很多风险（包括油漆味）其不利后果是依靠现有技术难以完整把握的，用科学知识的缺乏来解释风险经验的借鉴以及判定其不合理性似乎不足以理解这种现象。当在理解风险中存在各种不确定性现象时（无论是否因为科学知识的缺乏），居民的风险经验借鉴在认识风险中起何作用呢？我们的研究虽不足以回答这个问题，但从个别受访者的回答中，我们可以看出，风险后果的不确定通常对于小区居民来说是一个常挂于心的困扰，这种困扰容易引起心理上的一系列反应，比如，焦虑、恐惧，进而威胁到正常的社会生活。

天天闻到这股味，听到那个声音，吃饭饭不香，睡觉睡不好啊，白天也没什么精神，哈哈。（GT5）

借用其他风险经验，作用之一在于使得原本存在的不确定性转化为一种确定性，以减轻心理上的各种不良反应，以保证现有生活秩序正常进行。因此，其他风险经验的借鉴在处理这种不确定性中就变成了一种稳定现有生活方式的机制，使得日常生活保持一种有序状态。当然，这一点还有待于进一步研究。实际上当我们进一步追问这种联想是否合理时，受访者也承认其局限性，他们也表示这也是无奈之举，因为他们实在是不能认识到这些风险对人的危害究竟何在，只能通过这种方式来猜测风险带来的各种危害。

除了通过传承的方式获得的经验外，通过个体独特的生活经历所得到的特殊风险知识和感受外，个体社区生活中所获得的共同风险观念，也是小区居民认识特定风险的必然因素，这一点在上一章的描述和分析中，我们进行了比较详细的探究，在此不赘述。

三、知识与传媒

就我们的调查而言，大众传播媒介也是公众了解风险、获取风险知识的一个途径，但并不是主要途径，而且，所涉及的传播媒介种类是有限的，最多的是电视，部分受访者也谈到了报纸。下面是比较有代表性的说法：

我知道的就是以前电视报纸上说的那个，经常卖广告的那个，好像是那个六厂啊。东北有个厂，什么六厂，那时候，广告嘛，老是讲，也是制药厂啊，污染了人家，哈尔滨六厂啊，提了一下，说是污染得很厉害，很多人不知道。这边那么多厂，估计跟它差不多。（GT2）

（关于这些问题的看法来源于哪里？）报纸啊，天天看，有啥用啊。（GT5）

（这些知识来源于哪？）报纸，电视啊，主要是电视，还有上次那个医院，发的纸给我们看，上面写的是什么是污染，污染是什么样的，还有一些报纸上的广告，比如说禁止抽烟啊，抽烟有什么危害啊，应该都差不多吧。（GT6）

大概有一半的受访者并没有主动提到报纸对他们的风险认知有影响，只是当我们提出是否报纸对他们认知 A 汽车有限公司带来各类风险有影响时，部分回答者不能肯定地做出了"是"的回应，而剩下的则很肯定地认为他们对风险的认知的信息并不来自于报纸。有几位受访者是这样说的：

哪有看什么报纸啊，味道大家都闻得到的嘛。就感觉到，闻得到的嘛，看得到嘛。大家都知道那是有污染的啦。那个油漆味肯定是有头痛

的啦，是吧？（GT1）

听到、看到、感觉到。没有其他信息来源。（GT12）

大众传媒并不是一个主要的风险知识来源，这一点与我们在阅读相关外文文献所得出的印象完全不同。在国外研究中，报纸、电视、科普读物、科幻电影等是一般公众学习风险知识的主要来源，尤其是报纸，几乎所有关于公众的风险感知影响因素的研究都涉及了，而且引申出了大量的专项研究。我们的研究与国外相关研究所呈现出的这种差别原因何在？不是本研究所能回答。英格兰得等人早期研究中所说的，不同性质的国家对于发生在本国内部的各类风险，在报道中给予的重视程度不同，有些国家由于政治体制方面的原因，较少涉及这些风险。有关学者的观点对我们的解释具有启发意义（Englander et al.，1986）。不同国家之间关于大众传播媒介，尤其是报纸、电视和网络的管理体制、审核程序和标准都存在极大的差异，异质性的文化传统和意识形态方面的因素也是大众传媒选择性报道的约束机制，很多跨文化的大众传媒研究都表明了这一点。

对风险的认知受到各种大众传媒影响的那一小部分人分为两种情况。一种是对传媒所传达的信息不加批判和怀疑地接受，就像一位退休女性受访者所说的那样：

平常没事的时候，做完饭也看看报纸，报纸上也说过一些烧垃圾带来的污染。我们隔壁不就有这事嘛，前一段时间好像还闹了一下。油漆味和它那个烟味应该差不多。（报纸上说的你信吗？）信啊，它都说得清清楚楚，不信它信什么呢？（GT5）

虽然相信，但很明显，语气中充满着无奈，这种无奈来自于没有更多的途径了解关于这些风险的知识。另一种也是更多的受访者则对传媒传递的信息不信任，就像一位受访者说的那样：

电视、报纸说的东西也不能信，我们反对某医院的时候，报纸上说那个对我们没有影响。明明有脏水，发出难闻的气味，谁都受不了，还说没影响。还说我们只有七户人家反对它，我们一个小区都起来反对啦。（GT9）

虽然受访者所说风险并不是我们调查所关注的问题，但至少能从中观察到小区居民对大众传媒所传达信息的一般态度。由此看来，就风险这个议题来说，传媒与公众的关系并不是一种简单的线性关系，公众作为信息的接受者，大多数时候有一个权衡的过程，这个过程又与他们亲身的风险体验，以及由此形成的相关风险知识有关。就像卡斯帕森及雷恩等人的研究中所显示的，对于通过各种方式获得的风险信息，可预料是被（信息接受者）从质上加以组织、权衡和判断。当信息与自身体验差距过大，他们选择性地拒绝相信信息的真实性（Kasperson et al.，1988；Renn et al.，1992）。而且，新闻媒介所提供的（风险）信息不是被个体独自消化的。人们在报纸上所读到的，或在电视上看到的通常在工作中、在家庭内和在朋友和邻居中被拿来讨论（Boholm，1998）。这个过程会中和媒介信息带来的影响。

关于风险感知的大众传媒与受众之间的关系研究最初看到的是风险信息的被动接受者，后来的大量研究则改变了看法，强调信息接受者主动解读信息，认为两者之间是一种复杂的互动关系。我们的研究则表明，现实世界两种情况都存在，可能大多数受众在接受信息的过程中都有一个主动解读过程，但不能以此来否认被动接受信息者的存在，这一点往往被忽视。

四、知识与权威机构

公众的风险知识部分来源于权威机构有意识的宣传和介绍，但就我们的个案研究来看，这种宣传并不是通过正式大众传播媒介，更多的似乎是为了应付某类特殊风险，在某个特定的时间段采取的一些应急性措施。在访谈中，大多数社区居民都谈到，在他们社区旁边曾经建立了一个医院，在建设过程中由于社区居民的强烈反对而搁置了，在双方的博弈过程中，医院为了说服居民医院的建立对他们没有危害，曾经采取过一些宣传措施，虽然在这件事上居民没有让步，但他们也承认这些宣传有益于他们对风险的理解。

（这些知识来源于哪？）有时候，就是那个医院，他们发的纸就看一下。（GT2）

（他们发的那些纸）都被人撕掉了丢在那里，像你们干这行的，这样调查带来的健康知识，预防环境污染啊。（QT6）

我们的调查显示出，在各种研究中经常谈及的威权机构——政府或基层政府，在公众的风险知识的获得中没有被受访者提及。就我们的理解，可能存在两种情况。一种是官方的风险知识的宣传往往不是通过与居民直接接触的方式来进行，而是通过一些载体，包括各种媒介来进行的，而受访者只看到了各种传媒的作用，没有意识到其背后政府所扮演的角色；另外一种情况则可能是，具体到居民所能接触到的各种风险，情况相对复杂，风险的制造者可能与地方政府存在各种复杂的利益关系，而这些关系影响到了基层政府的行为选择，对这些风险给居民带来的影响，可能存在视而不见或有意隐瞒的情况。当然除此之外，也可能存在基层政府政策执行不力等情况。实际上，这些情况在任何国家都或多或少存在，然而，就我们接触到的国外相关研究文献表明，在居民和基层政府或风险制造者的博弈过程中，风险信息的透明度相对高一些，居民可以从一些独立专家那里获得较多的具体风险知识。

综上，从这些代表性的回应中，我们发现小区居民的风险知识主要来自于一般的传播媒介、权威机构的宣传以及社区互动、过往生活经验。然而，我们的调查也反映出，社区居民的风险总体认知程度并不高，这一点与国外相关研究得出的结论差异很大。

五、风险理解中的"收益"因素

人们的风险认知还受到具体风险带来的收益（各种有利后果）的影响，当风险后果不利的一面远高于有利一面时，人们倾向于拒绝风险，表现出对风险和风险源的反感和排斥；相反，当有利后果在风险承受者看来高于不利后果，他们倾向于接受风险，尤其在他们看来风险发生几率较低时，更是有赌博心理。之前研究的结论是否符合我们的研究个案呢？在我们的研究中，部分受访者也曾提到过 A 汽车有限公司带来的各种好处，而这又分两种情况，一种是没有家属在汽车有限公司工作，另一种是有家属在汽车厂工作；剩下的受访者则认为汽车厂对他们、对小区完全没有带来任何好处，与小区没有任何互动关系，由此表现出对风险源（A 汽车有限公司）两种截然不同的态度。

（一）利益相关者

为了分析的方便，我们将小区居民与汽车有限公司的关系分为两类：利益相关者和利益无关者。这里的利益相关者主要指有家庭成员在A汽车有限公司工作（均为非正式工作，可以随时解聘）的受访者。从他们的回应来看，大多数人在承认汽车有限公司给小区带来的一些正面影响的同时，否认其带来的各种负面影响。几位利益相关者的说法很有代表性：

它对我们没有任何不好的影响，他们所说的油漆味啊、噪音啊都没那么严重，其他地方也有类似的情况，正常。而且他们（汽车有限公司）经常在我们小区搞一些活动，还经常拉我们去他们厂参观。主要对我们环境有影响的是后面的水泥搅拌厂。（GT13）

应该对我们只有好处没有坏处，没有它哪有周围这路四通八达，这些路都是汽车厂来了才修，据说这条路还要扩大。（GT4）

少数人则秉持一种客观、理性的态度。

这些问题大家都知道，对我们的生活当然有一些影响啦！但也不至于到他们说的那个程度。至于你说的好处，好处就是修了这条路咯，有路灯咯，这是好处。但是修这条路也不是为我们，是他自己需要运送各种零件，其他也没什么。（GT9）

由此可见，对于所有的利益相关者而言，收益因素是他们判断各种风险的一个基本因素，对于不同居民而言，在考虑具体风险时，收益在其中所起的作用也有所差别，部分人根据"好处"否认"坏处"，另一部分则比较客观地辩证看待两者关系。至于为什么出现这种差别，根据我们所得到的资料尚不能进行分析，或许就像之前众多研究所表明的那样，公众是从风险与收益之间的净关系来进行判断，但公众是如果来衡量这种净关系则是一个尚没有解决的问题。

（二）利益无关者

利益无关者与利益相关者相对，指没有家庭成员在 A 汽车有限公司工作的受访者。这部分受访者在看待汽车厂带来的风险与收益时，有两种不同的倾向。一种是承认汽车厂带来的风险的同时也带来了一些好处，但两厢比较，风险是主要的，收益是次要的。并且不同个体根据自己的感受不同，对汽车厂带来的风险与好处的看法各个相异。下面是几个有代表性的说法：

（那有没有带来一些好处呢？）他们那里呢，对我们有个好处，专门开了这条路，我们出去坐车就方便一点、近一点，以前我们是从把那厂分成两边的那条路走过去，河边走，路没有那么好走。（GT11）

唯一的好处就是把这个路改啦，唯一的好处，他们单位之间可能也是老死不相往来，他们上班，我们这里有个围墙隔着，也没什么交往，也就没有更多的矛盾。（GT8）

还有一个，就是刚才说的它的好处的话，现在他们也主动地跟我们沟通，看能不能做更多一点的社会福利性的一些东西。像那年春节来我们社区跟我们一起来搞游园活动，对我们社区的困难户慰问五户，做事肯定做，但是不足的方面存在的可能更多一些。比较起来，他带来的影

响是大过这些。（GT12）

这个，应该讲呢，它在这里，我们参观，就是能开开眼界，给我们看了两次。一次是这边的，一次是××分厂的。这方面它做的还是不错的，让我们进去，发点纪念品给你，到××分厂那么远，他们也派车接我们去那边参观。但是，其他呢，多数来讲，没有他们这个单位，我们这里啊，车水马龙，这里很热闹的。买什么东西，个体户开店啊，照相啊、卖衣服啊什么都有的。自从它来，全部都清理完了，这里变得晚上很偏僻的，就很安静，那个安静呢，是指人少，但是他们晚上带来那个吵闹声，以前我们这里都没有吵声。（GT6）

这部分受访者对风险与"收益"的看法相对比较客观、理性，这些看法都是建立在日常生活中的具体感受的基础上，言之有物，合情合理。

另一类型的受访者则是完全否认汽车厂带来的好处，认为只有风险。且这部分受访者在表述A汽车有限公司带来的具体的风险后果时表现出了各种愤怒、不满、无奈等情绪。

有什么回报，有时候拉我们去参观啦，就是除了居委会组织的正常的联络，他们厂出面很少啰，（没有经济方面的补偿？）哪有，补偿什么，补给谁啊！有一些联合活动，居委会组织的就有，有时候过来啊，比如，献血啊，就会有。（GT10）

以前的职工子弟学校因为它也没有咯，征地了，要到外面去读了，这项福利都没有了。补偿给单位了，现在职工没有这项福利咯，现在小

孩都要外面读书了。(GT3)

对我们这个地方的经济谈不上什么好处。(GT1)

(没有补偿?)哪里啊,谁都不来管你。(GT14)

有什么好处啊,只有给我们带来坏处,能有什么好处啊。(QT9)

实际上,据我们的观察和了解,A汽车有限公司带来的风险和收益并存,但受访者的立场不同,对风险与收益的关系看法差异极大。即使是对小区正门前的道路带来极大方便的前提下,一些利益无关者还是通过其他一些说辞来进行辩解,更多地看到的是风险的一面。一位受访者的回答典型地表明了这一点:

建了一条道,(为他们自己还是为你们建的?)也不能说是为谁建的,它将我们以前走的路全部征收了,围到他们厂里面去了,他们就在这里建了一条道。(有没有给你们带来什么好处?)好处就是这条路啰,其他就没有的,以前我们走的是泥巴路,是堤坝嘛。其他特意为我们做的,好像没有。(GT7)

在她看来,汽车有限公司所修道路,按照其他受访者的说法,虽然客观上给他们带来了一些方便,但修路本身并不是为了小区,而是为了汽车有限公司运送其所生产出的汽车方便。

而利益相关者则正好相反,他们总是倾向于通过找各种理由来表明汽车厂带来的好处,比如,前述一位受访者谈到的汽车厂组织的各种活动，在我们与居委会工作人员的交流中发现与实际情况是有出入的。实际上，汽车制造厂并没有在小区主办过任何公益性的活动，只是小区活动的参与者，因为小区居民和汽车制造厂同属一个社区，汽车制造厂职工办理准生证等一般性证明和证件都必须通过小区居委会。至于参观，则是居委会为了拉近双方关系而进行的一项活动。居委会的一位工作人员比较坦率地说：

要说汽车厂带来的环境影响肯定是有，也有一些居民就这些问题不时和我们反映，我们也曾经就这个问题和汽车厂进行过沟通，但成效不大，我们也管不了他们。我们也向区政府反映过，区政府也表示无能为力，因为汽车厂是属于市管的，我们只能尽可能地做工作，使双方的关系不至于闹得很僵。我们经常性地和汽车厂合作带小区居民参观他们的工厂，说服他们汽车厂的工作程序是符合要求的，环保措施是符合要求的，不至于对我们小区有太大的影响。实际就是拉近双方的关系吧。

这些活动有多大效果不得而知，但中国是一个关系社会，一旦双方太熟，反而不会在一些事情上闹得太僵，一位受访者的话证明了这一点。

大家都是一个居委会的，他们也经常来我们这里办理各种证明，虽然平常没有其他交往，但毕竟是一个居委会的。（GT2）

由此可见，对于 A 汽车有限公司带来的风险的理解中有一个"收益"的维度。而具体说来比较复杂，与之前的研究的笼统的结论存在一定的差别。根据利益相关者和利益无关者的划分，相关者中一部分倾向于否认风险，另一部分则理性看待，利益无关者中部分受访者否认收益，而另一部分也能客观分析。

第三节 小结与讨论

根据上述描述和分析，可以看出，我们所访谈的小区居民在风险感知中起作用的因素主要有如下几类：居民之间的互动（风险交流）、经验、大众传媒、威权机构的宣传以及特定风险带来的"收益"。

小区居民之间的互动在我们的研究中是风险感知的重要因素，但互动与风险知识之间并不是简单的线性关系：互动增加公众风险知识，互动也可能带来更多的不确定性。部分小区居民面临这种情况可能会做出更进一步的努力，通过诸如搜集线索、咨询他们眼中的内行人士等方式，来获取更多的相关信息。小区内部居民由于地缘及方便等原因互动较多，然而，与小区外的交往，也对居民风险知识的获得有帮助；各种直接间接经验对小区居民的风险理解也有重要影响，这些经验包括文化传承过程中所获得的风险知识，个体的独特经历，小区居民共同生活形成的共享风险观念等。这些知识在社会化过程中内化于个体自身，成为了小区居民的袖里乾坤，当面临特殊风险时，它们就成了小区居民判定风险的选择机制。在居民的风险感知中，有一类普遍现象，即风险经验的借鉴，居民总是通过比较的方式来衡量现有风险，这种借鉴从表面上看似乎不合逻辑，但其普遍存在则反映出这种现象有其生成基础，我们的研究尚不能解释这个问题。

与国外相关研究所得结论一致的是，大众传媒对小区居民的风险感知也有影响，但差异性也很明显。一方面我们的访谈对象中一部分人对大众传媒所传达的信息不带任何怀疑地接受，这一点在过往的研究中有所忽视；另一方面，根据我们的访谈资料分析和观察，大众传媒对小区居民的影响没有前述两个因素大，而国外的相关研究则表明大众传媒的影响力大，这个结论是否能推广还有待验证。可能我们的结论受特定的研究对象所处的小区环境有关，也可能在不同国家之间，由于政治方面的原因，管理体制上的差异，导致在风险的管理和宣传上面临不同结构性和制度性的约束，但至少说明在研究大众传媒与公众的风险感知之间的关系时，需要区别对待，对风险感知的研究离不开对特定情境的理解，甚至更高层次的宏观因素也会在个体的风险感知过程中有所运作。心理测量范式仅从心理角度来研究风险感知显然不能满足和解释这一点。与国外研究结论相似，受大众传媒影响的一部分小区居民对其传递的风险信息，并不是毫无保留地接受。同事之间、家庭成员之间的日常交流、同辈群体之间及邻里之间的互动，都有可能引发小区居民的信息质疑。换句话说，居民与大众传媒信息之间是互动关系，居民是主动而非被动的信息接受者，在不同条件下他们会有选择性地重组这些信息。就像风险的社会放大理论所说的，这个过程则有可能"放大"或"缩小"风险的后果，歪曲风险的本来面目。

小区居民的风险理解也部分地受到威权机构及风险制造者有意识的宣传影响，但这种宣传并不是有计划、系统地以普及风险知识为目的的教化行为，而是特定的风险源制造的风险面临小区居民的强烈反对甚至反抗情况下，以消除居民的愤怒情绪和行为为取向。在这种语境下，小区居民对风险制造者、政府相关管理机构及体制内专家表现出不信任特点。但不可否认的是，在我们的访谈中，小区居民经常无意识地提到这一点，个别受访者则明确提到了这类因素的知识普及作用。

另外一个影响公众看待风险的因素是特定风险带来的"收益"，之前的各种研究表明风险带来的不利后果与有利后果之间的净增量决定了公众对于特定风险的态度，我们的研究也显示了收益是特定风险的公众考量的一个因素，然而，风险与收益之间的关系似乎不像之前的研究结论表示的那样简单，对于特定风险，不同的公众看待利益的方式不同，利益无关者倾向于否认利益，但也有部分受访者表示出一定的理性。利益相关者也分两种情况，一种是客观、理性、辩证地衡量风险与收益之间的关系，承认收益但不否认风险，另一种则比较极端，承认收益的基础上完全否认风险。

总之，影响公众风险认知的因素众多，我们的研究将其分为上述的几种类型，不过这几种类型在公众风险认知过程中起作用并不一定是截然分开的，比如，生活经验的代际传承与人际互动本身就是纠缠在一起，各种大众传媒与信息受众本身也是一种互动关系，并且有时也伴随着经验的传承。应该说我们所列举出的几种类型相互之间都类似这种关系，之所以分类，是为了说明和解释的方便。从这些影响公众风险认知因素的分析也可进一步看出，每种因素起作用的过程是比较复杂的，以一种简单化的线性关系来总结各因素与公众风险认知之间的关系都是不妥当的，不能反映出丰富多彩的风险认知的实际过程。至于上一章所谈到的风险感知结果上的共通性与差异性的原因，可能都来自于这几种因素，小区生活中共同的生活经历、互动过程中对风险认识的一致性、对大众传播媒介的共通性的认识以及对风险与收益之间关系的看法上的相似等，所有的这一切是小区居民对特定风险认识能够达成一致的原因，同样的，个人的独特经历、互动过程中对风险认识的分歧、对大众传播媒介传递的信息解读上的差异以及对风险与收益之间关系的不同看法塑造了多样的风险认知现实，差异性由此形成。

无论是我们的研究，还是国外的相关风险感知研究均表明，一般公众并不是或不主要是从科学知识的角度认知风险及其后果的，科学知识获得的困难或难以理解是一个方面的原因，但不足以完整解释这个现象。对于外行公众来说，现实生活中对具体风险及其后果的感受是活生生的实用知识，在他们的理解中，具体风险及其后果并不是一个独立的领域，而是整个日常生活系统中的一个亚系统，它的影响是通过其与其他子系统之间的关系，以及对整体生活方式的功能中发生的功效而彰显出来的。换句话说，公众对具体风险及其后果的判断有多个标准，这些标准可能是个体层次的，也可能是集体层面的，有时甚至两个层次交织在一起。另外与国外相关研究相比，居民的风险意识相对淡薄。

第五章

环境健康风险的预防与应对

第一节　环境健康风险预防

当风险带来的后果已然影响了人们的健康和日常生活时，人们是如何预防和应对风险带来的种种不利后果的呢？我们的调查表明，小区居民的风险预防与应对知识极其缺乏，这里所说的知识不但指所谓科学风险知识，也指非科学的风险应对的生活实践知识。

当被问及是如何预防调查所涉及的各种风险时，小区居民比较普遍的说法是，也没什么具体伤害，所以没有预防。如果说前述小区居民在反映 A 汽车有限公司带来的各具体风险不利后果时，列举的是这些风险对他们日常生活造成的影响，甚或带来了一些生理上的反应，那么在他们看来这些影响或反应还不足以达到他们认为的"具体伤害"的程度，他们理解中的这种伤害当然不是从科学角度出发的判断。如果从科学知识出发，以一种所谓客观的方式看待这些风险，这些风险事件对小区居民的身体伤害必定是存在的（虽然关于油漆等对人的具体伤害在科学上亦有不确定性存在）。所以从这个角度看，小区居民科学风险知识缺乏是事实。从生活实践或过往经历中获取的预防与应对之法即使有也很少，一位受访者如是说：

不知道怎么预防，哪有采取过预防措施啊！（GT7）

即使个别受访者曾经采取一些手段来预防这些风险（比如，油漆味），所使用手段的合理性和有效性也存在疑虑，更谈不上对症下药。小区居民并不是根据这些风险带来的具体伤害，也不是从源头上消灭风险，而是根据应对其他风险过程中获得的经验来预防目前面对的风险带来的可能后果，是在风险知识极其缺乏的情况下不得已而为之的一种选择，这种非"对症下药"式的经验借鉴当然未必有效。但是在小区居民看来，这种借鉴并没有不妥之处。比如，一位受访者是这么说的：

　　要我们单位（稀土公司）为什么那么敏感呢，我们是一个敏感单位嘛！所以这些污染带来的危害多多少少都知道一点。也有一些预防的土法子，都是祖上这么一直传下来的，没什么依据，大家一直都是这么做的。多喝点糖水，多喝点带醋的东西，喝点凉茶，夏天喝点凉茶预防。也没办法，主要是保命。（喝凉茶这些都是听人说的？）不是，我们单位很奇怪，夏天煮点凉水给人们喝，说是能预防辐射。既然油漆也是污染品，这些措施对预防油漆带来的伤害应该也有效果。（GT2）

　　由此可见，不但在感知风险中，即使在风险的预防和应对中，小区居民体现出的风险认知，亦与科学逻辑背道而驰。

　　总体看来，小区居民在风险的预防中存在两类形式。一种是根本没有预防，原因在于在他们看来这些具体风险带来的危害不严重，或是即使很严重，但这种严重性不是小区居民所能理解，是隐性而非显性的严重性，不是小区居民凭借自身的感觉、生活经验等方式所能觉察到的，防无可防；另一种情况是虽有预防，但并不是根据所面对风险的特性、后果进行科学意义上的预防，而是根据生活经验，进行一种"非"理性的预防，反映的则是小区居民所谓科学知识的缺乏。从科学的角度来说，这种预防行为当然是无效的，但在小区居民看来是合理的。比较而言，就我们所调查的风险，占主体的是第一种类型，彰显的是小区居民风险意识和知识的缺乏。

预防知识或意识的缺乏成为一种普遍形式，反映的是人们整体风险观念比较滞后。然而，这个判断只是一般状况。具体到不同风险，人们的风险态度还是存在一些差别。如果我们将人们预防与应对风险看成一条从漠视的一端向积极行动的一端的连续谱系上的一点的话，根据我们调查的整体印象，当人们面对 A 汽车有限公司带来的各种风险（油漆味、噪音、反光）时，整体的态度处于漠视与积极应对的连续谱的靠近漠视的一端。相反，当面对那些后果直接、短时间内对人们身体有重大伤害，或意识到其后果极其严重时，人们的抗争直接而激烈。比如，在反对建医院事件中，由于意识到它的存在既会带来极大的污染，又可能带来各种传染病时，与医院仅一墙之隔的住户，带头组织小区居民走上街头，主动找到基层政府（区政府）相关管理单位进行交涉。虽然过程颇多曲折，小区居民也受到医院所有者的威胁、恐吓，但在小区居民的激烈反对下，医院毕竟没有开张。由此可见，对于不同性质的风险，小区居民的应对方式也存在较大差异。我们所调查的 A 汽车有限公司所带来的各种风险因其后果的累积性、长周期以及与其他风险相比后果的严重程度较低（就像上述受访者所说的也没有什么具体伤害，或即使有伤害，是一种隐性的，非感官所能觉察到。），尚没有带来小区居民的激烈的抗争，一位小区受访者表示：

油漆味虽然比较严重，但也没有其他很明显的伤害，有没有隐形的伤害我们就不知道，也没听人说过。就是慢性的东西。（GT6）

之前的相关研究表明，当风险的后果在短期内能见到，而且所带来的危害比较严重时，人们会积极搜索相关风险的预防知识。当风险的后果显现是滞后的，当风险属于慢性的、且后果是累积性的，只有达到一定程度才能有明显表征的时候，人们倾向于忽视或否认风险，更不用说预防风险了，而我们所调查到的风险类型显然属于后一范畴。当受访者被问到为什么不采取相应措施来预防风险时，多数回答是他们对这些风险带来的后果不清楚，或认为不严重。由于这些原因，人们在日常生活中并不重视这些风险，久而久之，在小区居民眼里，这些风险也就成了日常生活秩序的一部分，被有意或无意接受了，成为一种正常现象。

当然，对风险后果严重性程度的判断，多数情况并不是从所谓的科学知识的角度来进行的，由于科学知识的不可获得性或晦涩难懂，人们对后果的判断往往是根据已有的经验来进行的，就像我们在之前几章所说的那样。

第二节　环境健康风险应对

至于风险应对方式类型，就我们的调查得到的信息表明，人们的总体态度是消极的。大致有三类不同的应对方式：

一、被动接受

被动接受是小区居民不得已而为之的一种方式，不过被动中也反映出了小区居民本身不积极应对和抗争的一面。小区居民是这么说的：

谁去反映啊！大家都是这么说，说说而已啦，居委会有没有去反映过我们不知道。（GT1）

（有没有向上反映过这个情况？）以前我们有，肯定反映过，我就没有去过。（GT7）

（小区也没人去反映过？）反映？到哪里去反映？（到政府、环保局啊？）到政府去你要有人带头，没人带头谁去？就是建那个某医院的时候，住在那里（一墙之隔）的人，他的意志强，有人带着，带起头来了，大家就跟着做，才有用，没人带头没人跟有什么用？没用。（GT9）

访谈对象中被动接受的占大多数，接受的理由似乎不外是抗争无用、没有领头者。实际上，当面临的风险带来的后果达到居民认为的影响到他们的日常生活正常运转时，或是在他们的理解中后果极其严重时，他们的恐惧心理能够将他们团结起来抗争。材料中反映的某医院事件正是由于在小区居民中引起了恐慌，才导致了激烈的抗争行动。正如一位访谈者所说：

他们准备将治疗不好的各种病人都集中在这个医院，包括各种传染病人，你看他们那个医院与我们仅仅是一墙之隔，我们很容易受到影响的。（GT3）

在这种恐惧心理的驱使下，离某医院最近的几户居民主动联络各社区住户，采取联名的方式和游行的方式向上级反映情况，且得到了较为满意的结果。因此，居民行动与否似乎与他们对于风险后果的严重程度的理解以及风险的即时性有关。而我们所了解的汽车制造厂带来的几种风险类型在小区居民看来似乎不足以给他们带来很大的伤害，甚至认为没有伤害，因而，被动接受风险成为小区生活的常态。

　　部分受访者在受访过程中也体现出一定的法律意识，在谈到为什么不向当地相关风险管理机构（环保局）反映汽车厂带来强烈的油漆味时。一位受访者从法理的角度谈到了收集实物证据的困难，他是这么说的：

　　谁告啊，告的时候（油漆味）没有了，那就麻烦啦！那就要骂起来啦，是不是。被风吹走了嘛，有时候，很难讲的嘛。没证据的，就是说实物的证据没拿到，没有采集空气那东西嘛，我不知道拿不到证据那个该怎么说。特别是晚上，都休息了谁管啊，是不是啊，我们这些夜猫子啊，熬夜看欧洲杯就知道，闻到那股味道，肯定是它。（GT2）

　　在他看来，随风向而定的油漆味很难被抓住，没有证据向风险管理部门反映也不起作用。另一位受访者更是谈及，环保机构管理人员采集空气的时间与散发油漆味的时间是不吻合的。在他的猜测中，这是管理人员有意为之，是汽车有限公司和管理机构之间合谋的结果。这位受访者是这么说的：

　　我们很少有人去反映这个情况，有人去反映也没见有什么作用。每次环保局的人来，正好那个味就没有了，他一走，那个味又来了。不可能每次都那么巧，他们（汽车厂和环保机构）肯定是串通好的。（GT9）

　　从中可以看出，除了举证困难外，对风险管理人员，或者说对管理人员代表的机构（制度）不信任，也是他们无奈被动接受风险的原因之一。值得重视的是这种不信任是我们调查过程中感受到的一种普遍现象，无论受访者采取何种风险应对措施，似乎不信任都是重要原因。关于风险预防与应对中出现的不信任，在本章的最后一部分将会详细探讨。

二、消极回避

消极回避（搬离小区）是另一种应对风险的方式，采取这种方式仅仅是小区居民中的很少一部分，因为这种方式需要较高成本，大多数小区居民无法承担这种成本，因而只能得过且过，无奈地承受风险带来的各种伤害。

那大家就得过且过，能走的就走了，这样子，人家有钱的人到外面去住了。"哎，我到外面买房子算了"，就是这样子。（GT5）

老的，很多都走了，房子都卖掉了，反正家就在这边没办法，就是这样。（GT8）

我们这里有钱的都走了，就是我们这些没钱的住在这里。哈哈哈。（GT10）

语气中充满无奈。当靠自身的努力无法应对风险，或没有任何其他应对办法时，有人把希望寄托于外界因素来帮助他们摆脱健康风险带给他们的影响。

我们这里有钱都搬走啦，还在这里住？最好房地产来把它（汽车有限公司）收了去，起大楼，我们是没本事搬走，有本事有钱的人都搬走

了。（GT8）

更多的小区居民则表现出一种宿命论的倾向，这种无奈也使得他们将应对风险的希望寄望于自身的努力。从而形成一种不符合逻辑的怪圈：自身应对无策——→寄希望于外在因素——→外在因素解决问题希望渺茫——→寄希望于自身的努力——→自身应对无策。

有钱的就走掉了，没钱的就在这里受气了，是吧。自己保重自己的身体哦。自己调控一下自己的身体啰。是这样的啦，没办法啦。哈哈哈。（GT2）

比较"消极回避"与"被动接受"两种应对风险的方式，可以发现，两种方式都属于小区居民的被动选择，但这种被动选择能反映出风险应对决策的复杂性。首先，正如前面分析的，小区居民被动接受的原因之一，是认为所调查的风险对他们还没有构成足够的伤害，因而在可接受范围之内，而搬离小区则反映出这部分人已经充分地认识到了所调查风险对他们的影响；其次，不同风险应对方式的选择并不仅仅与具体风险后果相关。通常情况下，小区居民需要综合权衡各种潜在应对方式的利弊得失，然后才能选择最适合自身情况的风险应对之策。而权衡的过程涉及的因素可能较为复杂，通常情况下超越了小区居民面对的特定风险这一狭窄领域。从上述材料反映出来的情况来看，风险应对成本是小区居民考量的一个重要因素，其限制了风险应对方式的选择。换言之，居民的风险应对方式并不一定是最好的，但对于他们来说是相对合理的。因此，对小区居民的风险应对方式选择的分析不能仅仅局限于风险子系统，更要注意到人们考虑风险应对过程中所涉及的与其他领域相关的各种复杂关系和过程。小区居民风险考量的这一特点也表明，日常生活中的"风险"概念是一个社会概念而非技术概念，或仅仅是技术概念；最后，与第二点有关的是，风险应对决策的做出过程中，小区居民并不是或并不完全是从科学知识的角度出发。当然根据我们之前的分析，小区居民在日常生活中也很难获得各类风险的科学知识。如此，风险决策就变成了从日常生活秩序角度出发，充分考虑自身各种条件，在成本和收益之间进行考量，做出是否采取某种应对手段的依据。因而，风险决策实质是社会风险决策，各种社会因素在其中所起的作用不可忽视。

令人奇怪的是，所有的访谈者在谈及如何预防和应对风险时，没有将希望寄托于威权机构，反映出他们对正式组织及制度性行为的不信任，这一点在小区居民的风险抗争中表现得尤为明显。

三、抗争

对于这些影响日常生活的风险，小区居民也进行过一些零星的抗争活动。这些抗争活动虽然是指向 A 汽车有限公司，但诉求对象是基层政府相关风险管理机构，或群众性自治机构（例如：居委会。不过在居民的意识中，居委会也算是政府的一级机构）。当然，这些抗争活动也是在风险带来的身体伤害在他们看来很严重，或在感觉上忍无可忍时才出现。一位小区居民的说法很有代表性：

我连续两次是紧急打电话给环保局那边，但他说过来，最终过不过来我就不知道，因为这方面他也没有打电话给我，那这个味道，就算你那个时候你不及时过来，一段时间过后它就没有了嘛，再过一段时间又有。我后来又问了一下，刚好那天汽车厂在打那个敌敌畏、除草、除虫剂什么之类的，他说会不会是这种味道，但是不可能那么经常啊，你不可能我几个钟就去喷一下草地。我估计最有可能是那个清洗剂的味道，浓度很高的清洗剂的味道。比如，他们那个车间喷漆以后要清洗油漆罐，这种洗涤剂的味道是很难闻的，浓度是很高的，我们坐在办公室都坐不下去，像我们这个年龄段的都坐不下去，更别说那些年纪大的。（GT8）

个别受访者在向相关部门反映时，表现出对具体风险更为细心的考虑，对风险问题的解决也有着自己的理解。比如，一位受访者是这么说的：

前两年，居委会的主任我都跟他讲过。居委会有没有向上反映我不知道。我都向他们提出建议，是不是可以考虑，一个是回收，包括其他有害的气体；另外一个呢，加高烟囱，因为他那个烟囱不太高，加高一点，向空中飘可能会远一点。当时向那个姓高的主任说的，但他们有没有向他们（汽车制造厂）讲，我不知道。（QT5）

当然，这些抗争活动的后果是一样的，大多都是不了了之。一小部分受访者在向上反映的同时，也知道问题的解决是比较困难的，对问题的解决并没抱多大希望。就像一位受访者所说的：

其实，它（汽车有限公司）据我所知是很多投诉的，就是说关于那个气味问题啊，不要说这个小区，就其他小区都会闻到这个味道。我个人认为处理起来是有一点难度的。（GT8）

从上述受访者的回应中，我们发现，对汽车有限公司所带来的风险的抗争，仅仅是停留在"反映"阶段。并不像我们经常在新闻中所见到的以一种"群体运动"的方式，或走上街头，或在基层政府门前示威等较激烈的方式进行。差异何在？不同风险带来的后果严重性程度不同可能是一种有效的解释，但这里所说的严重性并不是通过科学的分析而得出的结论，只是小区居民在日常生活中体验或想象出的严重性，仅仅凭借科学的解释来分析和判断公众的风险反应及应对很显然是行不通的。因此，从更深层次来看，仅用严重性来解释公众的不同抗争行为至少是不全面的。也不能因为小区居民抗争的低烈度而认为这些日常生活中经常遇到的风险本身没有被解决的迫切性。

当然，这些零星的抗争行动大多没有获得回应。

反映过啊，通过居委会，我们让它（运送制造汽车所需零部件的拖车）改道，然后他就说一定要往这边走啊。（没有任何效果？）没有效果，还是往这边走。（GT11）

（有没有人来处理过？）哪有人来处理啊。（有没有上访过？）我们以前上访还没走到那里，街道就来拦住了，派出所和街道都来了（上访的是那个医院），不但拦，还关在厂那边不让走。（GT13）

小区居民论及的相关管理机构在处理其他风险问题上的作为，可能也是上述对威权机构不信任的原因之一。

不进行抗争的原因似乎很复杂，但有一点很明确，在小区居民在做决策的过程中，汽车有限公司与小区之间的关系是他们考量的一个重要因素，虽然在日常生活中双方基本上不存在任何交往。一位受访者的说法很有代表性：

（从来没去反映过？）很少的，加上我们和他们又是一个居委会，他们经常来这里办什么证件，就这下面，你怎么反映啊，跟谁反映啊，是跟谁讲？（GT2）

先入为主的抗争无用的想法也是居民很少采取正式途径争取问题解决中的阻碍。

谁去反映啊！大家都是这么说，居委会有没有去反映过我们不知道。以前有环保局来，我们就是你说一句，我说一句，这样说一下啰，可是也是没什么用的。他们反光那里，已经盖上去的他们就不管啦，后来再搞的那些就不用那个料了，就这样啰，已经盖上去的不会拆的。（你们有没有向汽车有限公司提过这些问题？）提也没用的，提过，居委会可能是去反映过，就是盖房顶那个停止了，其他的还是继续。（有没有向政府反映过？）那我不知道哦！可能是居委会去过。（GT1）

我们都是这样子的，我们说什么都没用。（GT7）

环保局来调查我们也不清楚，他们环保肯定是通过啦，我们这个破厂（稀土公司）都通过了。（GT4）

这种过往失败的经验对小区居民对现有风险问题解决的看法的影响在我们的访谈中是普遍的，其背后反映出的是对风险管理者的不信任。同时，小区居民对自身的弱势地位也是心知肚明，直接后果就是在面对生活中的各种风险时，在思想上和行动上就是懒得作为。

　　肯定不会跟他矛盾，政府在这里，哎。（GT5）

　　为什么呢？谁也惹不起他啊，他跟政府合资啊，是跟政府合作的啊，是不是？你告谁去，是不是？这个点很多人家都明白的嘛！（GT2）

　　向政府反映，没有结果，（从来没发生过冲突吗？）我们这些老百姓怎么能和他们发生冲突呢？人家单位，你个人，以卵击石啊。（GT12）

　　综上所述，我们可以看出，被动接受的原因很多，其中最主要的有以下几点：一是举证困难，一定程度上反映了小区居民的法律意识。但是这一点本身并不足以成为被动接受的主要原因，因为我们的访谈对象中谈到这一点的毕竟是个案，更何况，举证并不是小区居民的责任；二是小区居民的总体风险意识滞后，尤其是对日常生活中的风险后果认识不够，当然也有一些小区居民认识到了这些风险带来的健康上和生活上的不利影响，也正因为这样，才有了消极回避和抗争的风险应对手段的产生；三是对风险管理者及其代表的机构，或者说所代表的制度的不信任，认为即使反对也不会有任何作用。就我们调查资料反映的情况来看，被动接受是上述三种原因综合作用的产物，最后一点似乎是最主要原因，但这只是一般的状况，具体到个案来说，情况可能比较复杂。消极回避则是对小区风险有足够认识，但通过自身的抗争没有把握，或根据之前的经验觉得抗争无用的条件下的手段。但是这种手段的实行需要付出较大的代价，换句话说，需要考虑成本因素，这个成本是小区多数家庭所不能承受的。也正因如此，采取这种方式应对风险的小区居民少之又少，部分受访者甚至在话语中将希望寄予"外来者"，部分则有宿命论倾向。抗争手段的运用则与上述两种方式有所不同，在小区居民认为风险后果极其严重，又没条件采取第二种方式时，他们会向基层相关风险管理机构反映，但是这种抗争只能算是一种低烈度的抗争，仅仅停留在反映的层面，而且根据他们的说法，无果而终是必然的。

小区居民上述三种风险应对方式的运用，前两种形式是被动而为，显示出居民风险意识的缺乏或弱势地位，第三种形式则是在忍无可忍的情况下做出的选择。但值得注意的是前两种方式是居民首先想到的应对方式，也是对付风险的主要途径。两种方式的共同点在于应对方式过于消极。第三种形式可以说是消极前提下的积极选择，但事实证明，这种方式在大多数情况下是行不通的。三种方式中都能看出小区居民对于风险管理人员及背后的机构的不信任。

四、风险预防与应对中的不信任

信任问题一直以来是公众风险感知研究中的核心问题之一（Nei-dhaedt，1993；Siegrist，2000；Wynne，1992），信任通常在应付复杂性、模糊性、无知和偶然性事件中发挥着重要作用（Giddens，1990；Offe，1999；Sztompka，1999；转引自 Kim，2009）。我们的访谈发现，无论小区居民采取上述哪种方式来应对风险，其中都或明或暗地展现了对各种风险处理机构和制度的不信任。这种不信任使得居民对风险问题的处理和解决不抱任何希望，要么被动接受风险，要么消极回避风险。当风险后果超越了忍受极限，忍无可忍起来抗争时，居民往往采用一些非正式的方式来表达。而这反过来又加剧了居民、风险制造机构以及风险处理机构之间的矛盾，从而导致双方或多方互信程度进一步降低。

风险认知中的不信任涉及与风险有关的各方面，贯穿于风险应对与处理的各个层面。不信任首先体现在小区居民对政府相关风险管理机构的刻板印象上，这种印象更多地来自于个体的风险经验，其中不乏猜想和夸大的成分。在他们眼里，政府相关部门在风险管理中未尽职责，或未能履行应尽的义务。比如当我们问小区居民，对于汽车有限公司带来的三种风险后果，基层政府采取过何种措施时，几位受访者是这么说的：

（政府相关部门来管过吗？）很少有人来管啊！（认真反映过吗？）有啊，那个油漆味带来空气污染的时候，打过电话给他们啊。但那时候没人来，不知道是不是工作忙。（GT12）

听说有一次有人反映过，也没有人来处理，有没有查到那里（A汽车有限公司）去不知道，没有回音。（GT4）

有意见倒是能反映出去，他们（风险管理机构）也能很好地接待咱们，也能听取我们的意见，但最终得到的反馈信息并不多，处理的也不是十分让人满意。（GT2）

个体风险经验带来的风险管理机构的刻板印象有时会导致关于政府形象的负面评论。关于上述具体风险处理过程中的感受，部分小区居民自有一套说法。在他们看来，政府与企业存在多层面的联结关系，在长期的交往过程中会衍生出正式工作关系之外的其他关系，这些关系不可避免地涉及利益。某些情形下，为了维护共同的利益，相关风险管理部门会与企业（具体风险制造者）站在同一立场，立场相同的结果是政府要么形式上应付小区居民的投诉，要么为企业也为自身辩护。

（有没有和基层政府反映过？）那我就不清楚啊，我们告谁去啊，告不赢的啦！它（A汽车有限公司）是合资的，据说与政府也有一些关系。（GT6）

因为它是市里的重点企业，钱袋子，你搞掉它，他就没有钱袋子啦。（GT2）

没有，它（A汽车有限公司）是市里一大税收啊，财神爷。（GT9）

一般我们知道它是市里重点企业的，一年是好几百亿，动不了它，所以我们也只能是讲讲，就像唱唱歌似的，没什么用。（GT12）

也有少数居民根据自我臆想表示，政府相关管理机构之所以在风险管理和监督方面存在诸多不足，是因为他们与风险制造者存在着复杂的利益纠葛。

（气愤地说）有什么办法，有污染也没什么办法，住在这里，我们反映也没人管。有时候有人来调查，我们也跟他们说了，但没用。因为他们收黑钱了的，他能搞它们（周边各污染源）吗？它（A汽车有限公司）送的是最多的，难道让它关门啊。（GT4）

然而，小区居民的这些想法和观点不是基于确切的证据，一位小区居民如是说：

汽车厂没人敢动它，它送钱给×××啦，我们没证据，又没法说。
（GT8）

由此可见，小区居民对风险管理机构的不信任，源于对管理机构（有时是管理者个人）与风险制造者之间的不正当关系的认识基础上，这种认识并不完全是建筑在管理机构的实际的管理行为基础上，更多的是现实生活经历所形成的刻板印象的产物。这其中，大众传播媒介是刻板印象得以形成的重要的社会机制。一位小区居民的说法很具代表性。

（你说 A 汽车有限公司送钱给×××，那么你是从何种途径得知这一情况的？）现在不都这样吗？报纸上、网络上、电视上不是经常能看到这方面的报道嘛！（GT8）

除了政府相关风险管理机构之外，他们对于专家也是绝对的不信任。当然，这种不信任有其合理性，因为他们所能接触到的所谓专家的机会是极其有限的，就我们的调查中所了解到的情况是，只有当小区面临的风险引起较大的反映，或者是较激烈的反对时，风险制造者或其同谋才会聘请相关专家来进行解释，目的是说服居民相信现存风险不足以对他们造成伤害，是在可接受的范畴之内。他们认为这些专家的立场有问题，就像一位受访者所说的：

我们所能见到的专家，没有一个不是替他们企业讲话的，都是说什么对我们没什么伤害啊，让我们不要担心啊，我们怎么能相信他们呢，有些伤害是很明显的嘛，那不是睁眼说瞎话嘛！（GT5）

换句话说，这些体制内专家在权衡风险时，不能保持一种中立的、客观立场，因此，在普通公众的话语中，在谈到专家时，他们对于专家的道德提出了质疑。一位受访者的回答很有代表性：

（专家怎么说？旁边人插话：他肯定说没什么的啦。）专家（鄙视的口吻）你也是专家，他也是专家，谁让他说话他都是专家咯（气愤的口吻）对吧？（GT2）

这一点与我们所阅外文文献中的专家信任有相同的一面，然而，我们在访谈中没有发现真正意义上的独立机构或相关专家的风险评估存在，这类机构或专家在外文风险研究中在公众的风险认知中还是获得了一定的信任。

说到底，居民对政府风险管理机构和专家的不信任，关键在于他们认为这些机构、个人和风险制造机构在利益上是纠缠在一起的。

它是市里的钱袋子，现在是有省里的、中央的报纸、记者过来，我们还提一下，介绍一下，市里的、区里的人来我们也不说，说了有什么用呢？（GT13）

没办法啊，小小老百姓，人家和政府合资，谁敢去搞啊！市里基本上都是支持企业的，你还能不让他干？（QT8）

你为政府服务的，谁敢去告，和政府合作的，是不是啊。（GT8）

现在的专家有什么可信呢？你只要给钱，我也是专家，我也会讲好

话。对吧。(GT4)

它（汽车有限公司）在这里，由于是市里的重点企业，老百姓的生活不管，反正是GDP啊，好几百个亿啊，在市里也占个大头啊，作为它的合资企业，我们也没办法，是吧。(GT8)

当面对风险的受害者的强烈反对时，虽然相关政府管理机构也有所回应，但在小区居民看来，这些行为不会带来实质性的风险改善，应付的成分居多。一位受访者是这么说的：

（环保局是不是来过？）经常来，转个圈就走。(GT8)

当不涉及政府风险管理机构的相关利益时，少数居民还是承认在风险问题的处理上，政府机构能发挥一些作用。

私人企业他也管的，我们厂停了三个月才开，专门进行了清理。(GT6)

小区居民之前的其他风险经历所带来的经验也是他们不信任政府风险管理机构的重要原因。

搞这个医院咯，我们基本上百分之九十都反对咯，他们都登报纸了，他们就说我们这里七户反对咯，呵呵呵。这个都不管，还管它（汽车有限公司）？(GT3)

这个医院，政府的一个科长说只有七户人家反对，不实事求是，请专家座谈，那也是站在他们那边的嘛。(GT6)

一些传媒所传递的信息对居民对风险管理者的不信任也有重要影响。一位受访者如是说：

我在这里说句题外话啊，每个省在北京都有接待处，虽然清理了很多，现在还有很多嘛！你来上访，好，我接待你，招待你。这样很多上访人员的意见根本反映不出去。报纸上能看到很多关于这个现象的相关报道。我们天天强调和谐社会，真正涉及老百姓、居民的利益问题啊，很难。中央的那些有良心的记者发现了报道一下，报道了就能处理一下。多数情况则是意见反映不上去，这是首要问题。(QT1)

通过上述对风险应对过程中反映出的信任的分析，我们还可以发现，信任是一个比较复杂的概念，同样是不信任反映出的内涵不同，有必要进行简单的分析。在对政府基层人员，或者说对其代表的机构和制度的不信任，有两个来源。一是有事实根据的不信任，比如，谈到汽车有限公司带来的油漆味的处理久拖不决时，小区居民谈及的汽车厂与政府之间的利益上的关系导致的不信任；另一个是无事实根据的不信任，这类不信任是小区居民的过往经历，或通过一些公共传媒所传达的信息所形成的固有观念，因此，这类不信任实际上反映的是对管理机构的一般态度，与具体的风险并没有内在的联系。只是在面对影响日常生活的各种具体风险面前，考虑到风险的解决的可能性时，这种对相关风险管理机构的刻板印象就适时出现。这也反映出，不信任的原因不是想象得那么简单，信任建立比较困难，但毁掉却很容易，一旦毁掉却更难建立。对专家的不信任与上述两种不信任也存在差别。一般来说，专家是独立的，并不从属于任何相关政府机构，也不与任何组织有利益上的纠葛，因而，专家对问题的看法应该是理性的、客观的。然而，实际状况则是，在具体的风险事件中，专家并不是以一种独立的身份介入的，大多数情况是在风险制造者或政府相关风险管理机构的邀请下，以一种代言人的身份与公众进行沟通，这样，在公众眼中，专家就成了公众的对立面。在公众的印象中，专家尚没有在哪怕一次具体的风险事件中，公正客观地说明风险对公众的危害，因而，在他们看来，专家也是不可信的。说到底，这一类不信任实际上是对专家的独立身份的质疑，对专家的职业道德的不信任。

第三节　小结与讨论

综上所述，小区居民的日常风险预防意识淡薄，科学的风险知识缺乏，极少的风险预防方式也往往是来自于其他风险经验的借鉴。更多的对风险的理解是以生活中积累的风险经验为准。对于一些后果特别严重的具体风险，小区居民的预防与抗争意识可能会凸显，比如文中提及的某医院事例，在某医院正式运转之前，小区居民就以集体反对的形式，赢得了抗争的胜利。但对于 A 汽车有限公司带来的各种具体风险，小区居民在预防上所做，或者说所能做的都很少。至于小区居民在忍无可忍的前提下的应对方式，我们可以将其划分为三种类型：被动接受、消极回避和抗争。就我们的调查而言，第一种方式最为普遍，也最为消极；第二种方式由于成本的缘故，只有少数人才能负担；抗争也是少数人的行为，且抗争的结果往往让小区居民失望。

　　在居民的风险预防与应对方式的选择中，存在两点共性：一是具体风险后果在居民预防与应对手段的选择中是一个重要的准则，但是对后果的理解并不完全是，或者说并不主要是以对具体风险的科学理解为前提，而是以生活过程中通过各种方式，比如：个体经历、大众传媒的宣传、小区居民间的互动等获得的风险知识为基准来理解风险后果。二是无论哪种应对风险方式，都反映了公众对正式组织和制度的不信任，然而，不信任本身被分为两种不同类型，分别为有事实根据的不信任和根据固有经验形成的不信任惯性。前一种不信任并不是对风险管理机构的能力不信任，而是对其不愿或回避应该承担责任的怀疑；后一种不信任则表现的是人们对待风险管理机构的一般态度，未必与所面对或谈论的具体风险有关。同样的，后一种不信任也可以看成是经验的产物。这两点共性反映的更深层次的东西表明，在人们认识具体风险的活动中，生活经验是背后起作用的基本机制。换句话说，人们认识风险与应对风险是根据日常生活中形成的对风险的一般看法来进行的，离开人们认识具体风险的特定情境，甚或个体的生活经历乃至生活背景的社会变迁等历史背景因素对人们观念的型塑作用，是无法准确理解公众的特定风险观念。我们可以将公众认识风险的这一特点进一步展开进行简单的分析。根据我们的分析，实际上可以将对具体风险的认识分为两条路径。一条是按照科学逻辑，从科学知识的角度陈述和辨析风险，另一条路径是外行——公众认识风险的逻辑，即在特定时空背景下，结合自身的生活经验来理解具体风险及其后果。就像前面几章所分析的，两种路径很难说哪一种正确，哪一种错误。观察视角上的差别，在视野中呈现出不同的内容，都有其合理之处。然而，对于风险管理机构来说，认识到这种差异性与不同视角的必然性和合理性，对于相关风险政策的制定，以及意识到风险管理过程中的沟通和交流的重要性具有启发意义。按照风险的科学理解，风险政策的制定、风险的可接受水平等需要以科学知识为标准，不必关照外行公众的基本需求。这一逻辑也即我们现实生活中见到的主要风险政策制定逻辑，是一种自上而下的路径。按照公众的风险理解逻辑来制定相关政策，则需要考虑更多的因素。明确影响公众认识风险的各主要因素。采纳前一种方式制定风险政策是现实生活中我们所能碰到的主要形式，然而，这些制度在运转过程中所遇到了种种困难和挫折，表明这种方式有其天生的局限性；后一种方式在现有条件下施行起来难度太大，加上影响公众认识风险的因素众多，在现有技术和科技条件下，很难进行系统化的分析和总结，因而，纯粹以这种方式来制定风险政策似乎是行不通的。目前看来，一种比较可行的方法是将两种方式结合起来。在制定风险政策时，以科学的风险知识为主，同时参考公众理解风险的方式，考量一般公众的风险利益诉求。如此，最终形成的风险政策才能最大限度地减少由于视角不同带来的各种争议，避免由争议带来的各类激烈程度不同的群体抗争事件。特别是针对某一微观领域的特定风险时，风险管理机构有义务创造条件让公众以不同方式广泛参与政策制定过程。改变传统的自上而下的政策制定、实施方式，重视自下而上的信息反馈。

第六章

总结与讨论

一、公众如何感知风险？

通过上述描述和比较分析，我们以社会学的综合视角，比较全面地探讨了公众风险感知的一般特征和过程，展示了解释性的质性研究方法对于探寻型塑公众风险理解的社会背景、个体经历等因素的价值。

回到我们的研究问题：公众是如何感知风险的？有何共性、差异性？哪些因素型塑了公众的风险感知？在实际的风险理解中，这些因素又是如何发挥其作用？各风险感知理论在解释我们调查的 Y 小区中所反映的现象的解释力如何？

为了从整体上回应这些问题，根据前面几章的描述和分析，我们可以就 Y 小区居民风险感知的过程进行简单的总结。小区居民感知风险不是从科学的角度出发，相反，日常生活中的风险体验是其认知风险的立足点，特定情境中的共享体验是认知中共性的根源，体验上的差别造就了个体风险认知差别。日常生活中的风险交流、大众传媒及风险带来的收益等因素与个体的风险体验交织在一起以复杂的方式型塑了特定风险后果的理解，进而影响了小区居民风险预防与应对方式的选择。整个过程中都贯穿着小区居民对风险制造机构、风险管理人员及其代表的机构和制度的不信任。根据这条基本的线索，可以建构一个小区居民风险感知路线图，见图 6－1 所示。结合前面部分的内容，我们对这个路线图进行更进一步的梳理和分析。

第一，A 汽车有限公司给 Y 小区居民带来若干风险，这些风险表现出若干特征，小区居民通过自身的感官觉察到风险的存在，且在日常生活中感受到这些风险对正常生活秩序及小区居民的生理产生各种不利影响，由此判断这些风险是现实的而非虚构的。这即是图 6－1 中由"风险→风险特征→感→知"的过程。而那些实际存在而又没有被小区居民感知到的风险及特征（放射性、废弃物、污水等），小区居民忽视或没有意识到其存在。从这个角度讲，小区居民的风险感知过程中，"感"与"知"之间联系直接而紧密，不存在任何中间环节。

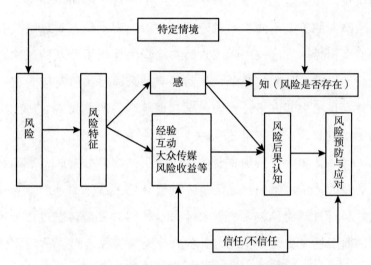

图 6 –1 Y 小区居民风险感知的一般过程

第二，小区居民的风险后果的认知有两条途径。一条即上述第一点所涉及的小区居民的亲身体验，"风险→风险特征→感→风险后果认知"；另一条来自于图中的"风险→风险特征→经验、互动、大众传媒和风险收益比较等→风险后果认知"。除了亲身体验外，经验来自于风险知识的传承、各种互动过程。互动主要指个体之间、个体与群体间各种形式的风险交流（communication）；大众传播媒介包括报纸、电视等一切信息传播平台。不同社区类型中，大众传播媒介所扮演的角色稍有不同，比如，我们所选择的研究点，由于其历史沿革和区位等方面的原因，虽处于城乡结合部，但内部的人际关系特质较传统，现代化信息传播媒介渗入程度低，更多地呈现出滕尼斯所谓"社区"而非"社会"的特性，于是大众传媒并不是小区居民理解和权衡风险的主要途径。如果选择的是较现代化的社区，可以想象的是，大众传媒可能会扮演更加重要的角色。风险收益比指小区居民在风险带来的有利后果和不利后果之间的比较。在这里，风险收益比也是一个变量，不同个体由于立场不同，与风险源的关系不同、对风险源的一般态度不同，对风险与收益的看法可能大相径庭。这些中间因素的共同作用型塑了公众的风险是否存在、风险的严重性程度的判断，从而影响公众风险预防与应对方式和手段的选择。当然中间因素还可能包含其他环节，但在我们的研究中显示出来的中间机制只有这有限的几种。与第一条途径相比，这一途径在居民的风险后果认知中有特别重要的地位。正如前面分析的，这几种因素与小区居民的特定风险知识之间是一种复杂的关系，那种单线条式的想法在此处显得过于简单，无法形象地揭示其间的复杂动态过程和风险知识获得的曲折性。更无法呈现出某些公众与风险源之间"欲说还休"的微妙关系。同时不同因素是交织在一起的发挥作用的，不能也不可能截然分开。然而，对于不同的个体而言，在这些变量上的"取值"是有差异的，直接后果即不同个体对于同一风险在看法上可能存在差异。因此，这几种因素既是小区居民风险后果感知中呈现共同性的根源，又是差异性之根本原因。早期宏观文化理论不能解释这种差别，从个体出发的心理测量范式所得出的结论也不能透视这一点。

实际上，特定区域、特定风险影响下的公众的风险理解涉及三个层面的因素。首先，从宏观层面来看，文化的、制度的因素是公众理解风险的基本背景。前述我们的研究与国外相关研究比较而言，大众传媒在影响小区居民风险感知过程中的较次要地位，反映的是宏观国家层面相关制度在微观个体认知层面的运作。其次，社区的或组织层面的因素也影响着公众的风险认知。就我们的研究而言，小区的历史沿革、小区的特殊位置空间及小区居民的职业等均在居民的风险判断中总是占有重要位置，比如，小区居民在判定特定风险后果时，总是倾向于比较 A 汽车有限公司引进前后人居环境发生的诸多变化；在风险预防中，职业上的风险经历对目前风险预防的借鉴作用；生存空间中不同风险源所制造风险之间的比较；小区传统型社区的特点对感知方式的影响等。最后，个体微观层面的因素也是型塑公众风险感知的关键变量。个体风险经历不同，个体文化水平上的差异，甚或个体的生活习惯、风险给个体带来的收益等，是风险理解中个体之间存在差别的原因之所在。三个层次的因素在个体层面的复杂运作塑造了最终的风险感知动态，在任何一个层次上存在差异都可能导致个体之间的风险认知差别。我们的研究中所呈现的大众传媒在小区居民的风险感知的影响作用与国外相关研究相比小，即反映了宏观国家层面的制度在其中的作用。

第三，在小区居民的风险认知中贯穿着对风险制造者、相关管理机构和所谓专家的彻底的不信任，这一点在居民对特定风险后果的认知和风险的预防和应对中体现得尤为明显。从更深层次上讲，这种不信任是对这些机构或个体所代表的制度或体制的不信任。就我们的研究而言，不信任的原因多种多样，其中这些机构之间复杂的利益纠葛是主因。

第四，小区居民的风险感知带有明显的"特定情境"特征。离开了 Y 小区这个特定场景，无法准确地解析他们认知风险的一般动态过程。在特定情境之下，各种文化的、社会的、心理的因素相互交织，共同塑造了小区居民的风险感知方式、特点和过程。

第五，风险概念在公众的理解中是一个社会概念而非纯技术概念，公众风险理解的整个过程中都体现了这一点，在风险应对方式选择过程中显现得尤为明显。

我们可以将上述小区居民风险感知的一般过程与在风险的文化理论和心理测量范式基础上构建的"风险的社会放大"综合框架进行简单的对比。

在文献综述部分我们介绍了风险的社会放大框架的一般思路，可以看出，在卡斯帕森等人眼里，风险及其特征信息经过各种中介（社会放大站和个体放大站）传递至受众，引发与风险相关的各种社会行为及后果，这是第一阶段；在第二阶段，这些相关行为又会产生一系列的涟漪效应，风险的影响面进一步扩大，一些与风险没有直接关联的个体或组织卷入其中，而这又会产生更多的次级影响。这个思路与我们的研究所建构的框架相比有些不同。

第一，卡斯帕森等人建构的框架，暗示了风险及其特征与风险的直接和间接相关者之间必定有一个信息传播的中间过程，这个中间过程是风险得以放大的关键一环。而在我们的研究中发现，至少在风险种类的判断中，公众的"感"与"知"之间是直接相关，没有任何中间环节。换句话说，在这方面，公众的"感"和"知"之间关系比风险的社会放大框架暗示的要紧密得多。

第二，这个理论暗示着公众只是风险信息的被动接受者，而我们的研究表明，公众与风险信息之间是一种互动关系，通过不同平台传播的信息被公众以不同方式解读，在此过程中，信息所传递的意义被怀疑、被重组、被中和。

第三，风险的社会放大框架暗示一条基线或者"真实的"风险依附于风险事件存在，并进而被放大的社会过程以某种方式"扭曲"（Rayner，1988）。而在我们的研究中很难发现这条基线的存在，或许所谓的放大过程与我们的研究中公众对风险的解读过程是一致的，但这实质上表明的是风险本身是人们的社会建构的产物，或者说风险既是实在的也有建构的一面。

第四，我们的研究中没有发现风险的社会放大框架中所提及的，在风险的次级后果中所涉及的"污名化"效应。虽然众多研究发现污名化过程确实存在，但我们没有发现因为带来风险而对 A 汽车有限公司及其产品的污名倾向。

当然，存在这些差别并不意味着要否定风险的社会放大框架的解释力。比如，有学者曾对 20 世纪 50 年代国内谣言问题进行过系统研究，虽然所使用的不是风险的社会放大框架，但其思路和结论在某些方面与之有契合之处（李若建，2011）。但这并不能说明风险的社会放大框架适用于分析所有类型的风险感知过程。一个可能的解释是，我们研究的是 Y 小区面临的、A 汽车有限公司带来的日常风险，这与在风险的社会放大框架指导下的一些大规模的、涉及面广、后果在短期内极其严重而公众只能通过间接方式获取相关信息的风险有所不同。或许用放大框架来解释这种类型的风险更加合适，而对日常风险需要不同的解释。换句话说，风险的社会放大框架需要有理论边界上的界定。

关于风险的早期文化理论（Douglas and Wildavsky，1982）的解释，正如我们在前面几章分析的那样，其无法解释 Y 小区内不同个体在风险理解上的各种差别，也不能反映出公众风险认知的动态过程。直接将宏观层面的世界观视为微观个体认知的决定因素，忽视乃至否定了风险认知的多层面决定性。虽然早期文化理论简单明了，但这是以牺牲理论的解释力为代价的。与感知的共同性一面相比较，差异性可能是更令人感兴趣的，也更能反映出风险感知的多样性，从中能提炼出更多的影响公众风险感知的机制。早期的文化理论在这方面无法给我们提供更加理想的答案。

心理测量范式与早期文化理论一样，重点在于探测公众风险感知中的普适性特征，只不过两者的角度有所不同。文化理论从宏观的、外在的因素，心理测量范式则是从风险特征及其对公众心理的影响角度，但心理范式的问题在于其没有关注特定风险之外的其他因素对人们认知的影响。心理的必定是社会的，社会及文化因素在我们的 Y 小区公众风险感知中扮演着至关重要的角色，而这一点在心理测量范式中没有体现。这些因素也是其所使用的定量研究方法中难以纳入或穷尽的。同样地，对风险感知中的差异性心理测量范式也不能提供令人信服的解释。

贝克在《风险社会》一书中对当代社会风险进行了精辟的论述，提出了许多新颖的论点，但这些观点过于宏观，共同的特点是很难通过实证的方式得以验证。其中的一些结论与我们在现实生活中的体验和感受完全不同，且不说其对社会不平等在当代社会已经由社会阶层的事变成了个人的事、社会阶层角色削弱的判断是否正确（贝克，2004）。即使对公众风险感知的一般方式的说法也与我们的调查相悖。他认为后现代社会的风险特性已然发生变化，仅凭个体无法理解，要依靠专家，更进一步说要依靠或信任制度、体制，而公众对于专家和制度本身又是不信任的。这个悖论所说的依靠专家和制度才能理解风险，与我们的生活体验不一致，也与我们的研究不相符。我们的研究表明，小区居民是以自己的方式来辨别风险和判定风险后果的，体制内专家在居民的风险感知中反而是以一种负面的形象出场的。另外小区居民所生活的圈子、互动对其风险认知作用也不可忽视，这一点在我们的研究中一再显现，而贝克关注的社会阶层角色的削弱和个人主动选择的重要性，低估了社会阶层类别由来已久的解释力（Mythen，2005）。

因此，早期文化理论、心理测量范式、风险的社会放大、风险社会等理论虽然在某些侧面能准确地反映出公众风险感知的一般状态，但并不能全面动态地描述和解释公众风险感知的丰富动态，在某些方面的观点甚至与我们的实地调研结果相悖。从方法上来看，定量研究在公众风险感知研究方面呈现出了其固有的缺陷，定性研究方法似乎更能反映公众风险感知众生相，尤其是实地的访谈和近距离的观察方法的使用在类似的研究中具有量化研究无可比拟的优势，研究者能从中更深刻地了解和体会风险感知过程的复杂性和微妙性。即使采用量化方法研究公众风险感知的特定过程，定性研究作为一种补充的方法也有其必要性。公众的风险感知是复杂的，个体的、社会的、历史的和文化层面的因素均在其间发挥作用，特定情境更是扮演了不可或缺的角色，忽略具体环境因素的影响，就不能很好地探究公众的风险感知动态。而这些很难完整地在量化模型中展示出来。虽然我们的探索性研究尚不能提出一个实质性理论来解释公众风险感知的过程，但要想探究风险感知的规律性解释，类似的个案研究会充当一个重要途径，其能为公众风险感知的理论建构积累有意义的资料，亦能在理论的检验、核心概念的澄清和理论边界的确定方面充当重要的角色。我们不否认上述理论的作用，因为没有一个理论能解释所有的现象，都有其理论边界。但我们的研究表明，这些理论在解释中国的本土化现象时尚缺乏说服力。

二、外行公众——专家之争

回到文献综述部分提到的风险感知研究中的"外行公众——专家"之争。通过我们对小区居民风险感知过程的描述和分析，可以发现，小区居民认知风险并非从专业科学知识的角度出发，其中有日常生活中风险的专业知识获得的原因，但这非问题的全部。因为即使小区居民偶尔能通过一些专家的、风险管理机构的、大众传媒的途径了解到特定风险的专业知识，不信任是常态。从自身的特定风险体验和日常生活中的风险经验出发来确认风险和评估风险，似乎成了小区居民理解风险的一般特征。如果说专家是从科学的角度辨析特定风险，代表的是风险分析中理性、客观的一方，那么居民的特定风险理解则预示着非理性、主观的另一端。如果说前者正确，那么后者毫无疑问代表着风险认知谬误的一方。然而，从逻辑上讲这个判断在两个方面存在问题。

第一，所谓的专家能否做到完全的客观这一问题尚存疑问，这一点在文献综述的风险概念部分我们进行过详细介绍。我们的研究中，小区居民对专家的不信任重要的一点在于他们并不认同专家的独立性，专家与风险制造机构或风险管理机构之间"剪不断理还乱"的关系，以及专家总是为这些机构辩护的惯性思维。换言之，在他们的印象中所谓的专家是有立场的，并不能做到"价值中立"。这一刻板形象总是迫使小区居民在特定风险认知中显现出对专家的彻头彻尾的不信任。而且由于特定风险知识在科学上也存在不确定性，对于同一风险，不同专家之间也争议常存。加之在风险的"可接受水平"的确定等方面也不完全是一个客观的过程，与特定专家本人所持有的价值观或多或少存在一些联系。这一切都使得专家所谓的客观、理性只能是一种理想化的预期。我们生活中的经历一再证明这一点，比如，近期关于地震发生的预测，关于H7N9的致病原因的判断，所谓的专家与外行公众并没有体现出本质的差别。虽说随科学技术的进步，专家能不断接近这个理想状态和事实真相，但要想达到这个预期确非易事。

第二，外行大众的"非理性"判断也值得怀疑，这一点在我们的研究案例中体现得非常明显。在关于风险种类的辨别，风险后果的理解，风险预防和抗争手段的选择及不信任的原因分析中，小区居民的各种说法有根有据，并不是无的放矢。只不过这种理性与专家所秉持的理性有所不同，如果说专家是秉承科学理性的话，小区居民则是从生活理性角度出发理解特定风险，两种理性的标准不同。生活理性涉及社会生活的各方面，比如在我们的研究中，小区居民在谈及风险之时，总是涉及日常生活秩序的破坏，在应对风险中考虑各种应对成本等，这些在技术风险分析中都是被悬置的内容。因而从生活理性出发，风险并不是一个单纯的技术概念，而是一个社会性的、描述性的概念。如此，两种不同视角观察同一现象得出不同结论就成为一个正常现象，专家与外行公众之间的风险分歧也可以得到理解，更没有必要纠结于两者之间的对错。因为不同视角所观察到的是风险的不同侧面，两者之间所遵循的标准不同，当然不能在一个标准之下判断哪种视角更合理。

　　由此可见，专家与外行公众认知风险的逻辑是不同的。专家以科学理性为起点，公众则从生活理性出发，两者均有其合理性，以其中一方的结论来否定另一方是不科学的。承认外行公众感知风险方式的合理性，打破了自上而下的专家认知风险方式在现实生活中的霸权地位，为自下而上认知风险方式提供了生存空间，也确立了公众在风险认知过程中积极角色。这与风险感知研究早期的"缺陷模型"（the deficit model）所暗示的公众被动接受科学的风险知识的原型完全不同。

　　从更深层次来讲，在风险感知中的专家—外行公众之争，涉及威斯瓦那斯（Visvanathan）所提及的"认知公正"（cognitive justice）问题，他认为在风险感知中必须要承认知识体系是多元的，知识一方面固然来自于科学研究，而另一方面也要认识到知识与生活（方式）之间的联系；允许不同于专家观点的存在，甚至承认不同认识论或可替代认知的合法性（Visvanathan，2005，转引自 fan，2010）。泰勒认为，人们关于环境的观点是被诸如自主性、自我确定、公平公正和人类权利等概念所框定，要尊重不同民族、群体文化（Taylor，2000：534，转引自 fan，2010）。两位学者的观点说到底，就是要承认在环境风险的认知过程中专家和外行公众之间的平等地位，不因专家的专业地位和社会地位而确保其在特定风险的理解过程中的特权地位，将其观点看成凌驾于他人观点之上的特殊话语。进一步说是要承认认知方式的多样化。就像基切尔所言，"关于自然，人们并没有一种特权的描述方式"。具体到我们的研究，对特定的风险理解中要认可和尊重草根知识。

认识到公众风险认知的合理性具有重要的政策意涵。现有的占主导地位的环境政策制定基础在于科学知识，与专家认知环境风险的自上而下的方式相契合。通过这种方式构建的政策在现实生活中经常遭到挫败，与所想要达到的效果背道而驰。最突出的表现是，公众对现有风险政策的接受度较低，风险政策实施起来阻力较大，公众对风险管理人员及其代表的管理机构和制度不信任。我们见到的公众与风险管理人员之间经常发生冲突通常源于此。而背后深层次的原因则是上述我们分析的专家——公众风险感知之别，只要这种差别客观存在，公众与专家之间的分歧就没有一劳永逸的解决办法，缺陷模型所暗示的通过科学知识的普及就能解决两者之间认识鸿沟在现实生活中屡屡碰壁也一再显示这一点。既然鸿沟不能填补，加之公众风险认知存在的合理性，不妨在政策的制定过程中换一种思路，将自上而下与自下而上的方式结合起来，充分重视公众风险感知合理性一面，发挥其在政策构建过程中的积极性。如此，形成的风险政策将具有更加广泛的社会基础，也更加合理、有效，公众对风险政策也会有更多的认同，风险管理机构和公众双方甚至多方之间在风险认知和风险的应对和处理中的矛盾和冲突将锐减。换句话说，以一种更民主化的方式，允许公众参与政策的制定过程，可能更有利于风险管理者与普罗大众、专家与外行公众在难于弥合的鸿沟之上达成认知上的妥协和认同。但现实的问题是，特定风险的波及面广，全员参与肯定不是最科学的方法。我们认为，在非政府组织发育尚不健全的背景下（比如说一些环保组织），不妨让公众推选代表参与，这样既科学又能节省成本。在参与的过程中，可以适当普及一些基本的风险的科学知识，让公众与专家、风险政策的制定者能在一个共同的基础上博弈，形成让双方都满意的政策后果。这样，政策制定的透明度相对高，更能获得公众的认可，风险感知中的各种不信任现象会相对减少，所形成的政策也更科学合理。当然，要达到这种理想的效果，就必须保证公众代表的参与是实质性的而非形式化的，然而要做到这一点殊为不易。

三、风险利益诉求与风险管理

通过上一章对公众的风险预防和应对过程的分析可以发现，围绕具体的风险问题通常涉及三方：风险管理机构、风险源（风险制造者）、公众。从风险管理的角度看，除了上述在风险政策、制度建设中引入公众参与机制，从而减少各方因视角不同带来的各类分歧和矛盾外，还需考虑如何建构有效的多方协调机制，以应对已然发生的矛盾甚至激烈的冲突，因为环境健康风险领域的风险是不可能完全杜绝的，因而矛盾和冲突是不可避免的。我们在这一部分试图就此问题进行简单的探讨。

首先，我们对风险事件中各方的利益诉求进行简单的梳理，因为管理通常建筑在差别化的利益诉求基础上，管理的目的不在于消除不同群体中客观存在的差别化的利益诉求，而在于协调不同利益诉求群体围绕风险问题发生的博弈关系。

从风险管理机构的角度来看，其在风险事件中至少承担了下述三种职责。第一，维护辖区范围内公众的生命健康和正常生活秩序，监管辖区内企业履行环境法规义务的职责，这是其基本职能。第二，维护社会秩序的稳定。不可否认，稳定的社会秩序是从中央到地方各层级政府部门的基本任务，环境监管机构作为政府科层制体系中的一环，其行为也不可避免地受此约束。特别是在"一票否决"制的背景下，风险管理人员或其直接或间接上级的晋升都会受到环境管理不力的影响，甚至仕途终止。因此，在风险管理中避免公众与风险源（企业）之间发生激烈的冲突就成为风险管理机构的延伸职责。第三，为经济发展创造良好的社会环境。经济发展亦是中国各级政府面临的基本任务之一，关于这一点毋需赘述。由此给风险管理机构带来了另一延伸职责，即风险管理机构有义务为企业的发展营造良好的氛围，至少不能破坏属地政府或更高级政府所追求的经济发展目标。

三种职责构成了风险管理机构基本的利益诉求结构，第一种职责是风险管理机构的基本任务，后两点构成其履行基本任务的更大的任务环境，制约和影响日常风险管理行为。但是这三种职责未必是一致的，很多情形下职责之间存在紧张和冲突。比如，企业的发展行为给周边居民带来了极大的环境健康风险，但却为地方财政做出了重要的贡献；居民的抗争行为带来了社会正常生活秩序的破坏，影响了社会稳定，同时影响了企业的发展和风险管理机构自身利益诉求的实现。那么在什么情形下，哪一种管理职责是风险管理机构的首要选择呢？在风险源（企业）带来的风险没有引发公众强烈的反抗甚或激烈的抗争时，第一种职责的履行占据主导地位，风险管理机构进行的是常规管理，通常情况下也不会干涉风险源的生产经营活动，从而间接地为第三种职责服务。这一点从前文所列访谈材料中能明显地体现出来，日常生活中也屡见不鲜。一旦激烈的抗争行为，特别是群体性事件发生时，第二种职责就凸显出来了。因为这事关风险管理机构及其成员的切身利益，也关乎为经济发展创造良好的社会氛围。特别在"发展是硬道理"、"稳定压倒一切"的社会大环境下尤其如此。

　　风险源这里主要指各类企业，企业的基本目标是发展，发展过程中不可避免地对周边环境造成一定的影响。虽说现代企业的社会责任感越来越强，但毕竟逐利是资本的本性，多数情况下，企业不会为了履行自身的社会职责放弃其基本的发展目标。因此，企业的基本利益诉求在于利益最大化追求。

　　公众的风险利益在于风险源带来的危害不至于对自身身体造成伤害和日常生活秩序的紊乱。这一点在我们的研究中，在小区居民的表述中体现得非常明显，也构成了公众的基本风险利益诉求。

　　那么三方不同的利益诉求呈现何种关系呢？可以说，多数情况下是相互冲突的。企业的逐利本性决定了其在风险问题上的基本立场：只要没有引起周边居民的大规模的抗争活动，对其正常作业引起的各种风险其没有动力来解决，因为这需要花费较多的成本，影响企业的经济效益。我们的研究材料很明显反映了这一点。所以企业与公众两者的基本风险利益诉求是相矛盾的，从而导致了在风险问题上企业与公众之间基本的对立关系。政府相关风险管理机构从其基本职责来讲，应该按照相关法律法规以一种公平公正的态度来处理和协调企业和公众之间基于风险的矛盾，但实际上，风险管理机构的态度本身是模糊的。一方面，就像文章中公众的访谈资料所显示的，风险管理机构与企业之间存在各种复杂的关系，要想做到彻底的客观、公正不太现实。如果将企业与公众看作钟摆的两端的话，这时政府的风险态度应该是倾向于维护企业的一端。另一方面，维护社会稳定的职责又要求风险管理机构的行为不至于引起众怒，否则在直接上级或更高层的追责中自身的利益会受到严重的损害，得不偿失。这种利益诉求的双重性使得在公众与企业围绕特定风险的博弈中风险管理机构的角色定位产生困难。

　　按照上述分析逻辑，公众与企业由于各自利益诉求上的不可调和性，在环境健康风险上的矛盾是客观存在的。风险管理机构在这一矛盾中的行为有赖于当时情境下何种利益诉求更为重要的自我判断。如果企业与公众间的矛盾以一种零星的、非直接对抗的方式呈现，尤其在没有影响当地社会秩序的稳定，从而没有影响自身晋升和仕途时，风险管理机构可能执行常规管理，我们调查的小区居民的表述较好地反映了这一点；如果两者的矛盾以群体运动（比如访谈过程中涉及的某医院）的方式呈现，对社会的稳定秩序构成威胁时，风险管理机构则以维稳为其首要任务。

如果上述分析逻辑成立的话，那么在我们的研究中是以一种什么样的方式得以呈现的呢？简而言之，围绕 A 汽车有限公司带来的油漆味等日常风险，小区居民展开了零星的、时断时续的个体抗争，因为这种抗争方式并不会带来社会秩序的紊乱，基层风险管理机构按惯例执行的是日常风险管理，多数情况下并没有因为小区居民的投诉而有额外的行动，居民的抗争也就石沉大海、渺无音讯了。A 汽车有限公司也不受干扰地照常运行。而围绕某医院带来的生命危险，小区居民行动起来进行了激烈的集体抗争，严重威胁到当地的社会正常秩序。这种情形下，风险管理机构的常规管理职能让位于维护社会秩序稳定的职能，在相关政府管理部门的干涉之下，以医院关门、小区居民的抗争成功为故事的结局。

可以看出，公众的抗争方式选择是风险管理机构利益诉求转变的基本动力，那么为什么会有这种抗争方式的转变呢？对于风险管理来说这意味着什么？

我们认为，无论公众是向企业，抑或是相关风险管理机构表达自身的健康利益诉求时，"原子化个体"为主的抗争方式是很难得到令人满意的结果的。究其根源，"原子化"特征决定了其在双方或多方风险利益博弈中的弱势地位，个体是无法在与群体或体制的博弈中获得公平的博弈地位。即便赋予其公平的博弈地位，由于搜集相关证据的困难，专业知识的不足，以及法律法规知识的缺乏等带来的信息不对称和博弈成本过高等原因，原子化的个体也不具备对等的博弈能力。如此，在双方或多方博弈中"铩羽而归"也就在意料之中了。因而，面对日常生活中的各种风险，公众大多选择了忍受。在这种博弈模式中，风险管理机构追求的基本职能和企业逐利目标的实现建筑在公众的风险利益诉求被牺牲的背景之上。然而，当风险被认为严重影响到自身生命健康时，当个体抗争每每无功而返时，公众以自发组织的方式，以较为激烈的群体运动的形式走上街头就变成了当然选择。这一点在前文中所涉及的某医院带来的风险博弈中体现的较为明显。因为在他们看来，只有通过这种将"事情闹大"、引起更大范围的公众和媒介注意的情形下，才能引起当地风险管理机构足够的注意。不管公众的这种想法是否合理，但在客观上确实带来了风险管理机构职能由常规管理向追求社会秩序稳定职能转变之效果。

应该说，群体之间的博弈模式必定比第一种博弈模式对各方的负面影响更大，这一点博弈各方都心知肚明，问题是，不采用群体博弈的方式，公众风险利益诉求得不到实现。因为只有群体之间的博弈，才可能达至博弈各方力量均衡，才能为双方或多方博弈创造一个公平的博弈环境。毋庸讳言，群体表达方式是公众的风险利益诉求得以实现的一条有效途径。问题的关键是如果这种表达方式总是以自发的、非正式组织的形式得以呈现，势必对社会秩序带来更加深层的负面影响。从政府管理的角度来看，既然各方博弈是不可避免的，要想实现风险管理的基本目标和稳定社会秩序的最终目的，关键不在于压制公众的正常诉求，而在于探索有效的风险利益诉求群体表达机制或组织代表机制。建构公平的博弈规则，搭建各方公平博弈平台，培育和提升弱势方的博弈能力，从而达致公平有序的博弈后果。

参 考 文 献

一、中文文献

1. ［澳］马尔科姆·沃特斯：《现代社会学理论》，杨善华译．华夏出版社 2001 年版。

2. 陈向明：《质的研究方法与社会科学研究》，教育科学出版社 2004 年版。

3. 邓赐平、戴晶斌：《儿童社会认知结构发展研究述评》，载《心理科学》1999 年第 2 期。

4. 段红霞：《跨文化社会价值观和环境风险认知的研究》，载《社会科学》2009 年第 6 期。

5. ［德］乌尔里西·贝克：《风险社会》，何博闻译，北京译林出版社 2004 年版。

6. ［德］詹斯·O·金、［英］彼得·泰勒－顾柏：《风险：一个跨学科研究领域》，引自［英］彼得·泰勒－顾柏，张秀兰主编：《社会科学中的风险研究》，黄觉译，中国劳动社会保障出版社 2010 年版。

7. 方芗：《风险社会理论与广东核能发展的契机与困局》，载《广东社会科学》2012 年第 6 期。

8. 方富熹：《儿童社会认知发展研究简介》，载《心理学动态》1986 年第 1 期。

9. 风笑天：《社会学研究方法》，中国人民大学出版社 2005

年版。

10. 高旭、张圣柱、杨国梁、多英全:《风险沟通研究进展综述》,载《中国安全生产科学技术》2011 年第 5 期。

11. 李景宜:《公众风险感知评价——以高校在校生为例》,载《自然灾害学报》2005 年第 6 期。

12. 李若建:《虚实之间:20 世纪 50 年代中国大陆谣言研究》,社会科学文献出版社 2011 年版。

13. 刘岩:《风险社会理论新探》,中国社会科学出版社 2008 年版。

14. 刘金平、黄宏强、周广亚:《城市居民风险认知结构研究》,载《心理科学》2006 年第 6 期。

15. 刘金平、周广亚、黄宏强:《风险认知的结构、因素及其研究方法》,载《心理科学》2006 年第 2 期。

16. 〔美〕艾尔·巴比:《社会研究方法基础》,邱泽奇译,华夏出版社 2004 年第 1 版。

17. 〔美〕尤金·A·罗莎:《风险的社会放大框架的逻辑结构:超理论基础与政策含义》,引自〔英〕尼克·皮金、〔美〕罗杰·E·卡斯帕森、保罗·斯洛维奇编:《风险的社会放大》,谭宏凯译,中国劳动社会保障出版社 2010 年版。

18. 〔美〕珍妮·X·卡斯帕森、罗杰·E·卡斯帕森编著:《风险的社会视野(上、下)》,童蕴芝译,中国劳动社会保障出版社 2010 年版。

19. 孟博、刘茂、李清水、王丽:《风险感知理论模型及影响因子分析》,载《中国安全科学学报》2010 年第 10 期。

20. 〔美〕乔纳森·特纳:《社会学理论的结构(上)》,邱泽奇译,华夏出版社 2000 年版。

21. 时勘、范红霞、贾建民、李文东、宋照礼、高晶、陈雪峰、陆佳芳、胡卫鹏:《我国民众对 SARS 信息的风险认知及心理行为》,载《心理学报》2003 年第 4 期。

22. 时蓉华:《现代社会心理学》,华东师范大学出版社 1989 年版。

23. 王美芳、陈会昌:《错误信念理解后儿童心理理论的发展》,载《心理发展与教育》2001 年第 3 期。

24. ［英］安东尼·吉登斯：《失控的世界》，周宏云译，江西人民出版社 2001 年版。

25. ［英］查尔斯·狄更斯：《双城记》，石永礼译，人民文学出版社 1993 年版。

26. ［英］尼克·皮金、［美］罗杰·E·卡斯帕森、［美］保罗·E·斯洛维奇编著：《风险的社会放大》，谭宏凯译，中国劳动社会保障出版社 2010 年版。

27. ［英］彼得·泰勒 - 顾柏、［德］詹斯·O·金编著：《社会科学中的风险研究》，黄觉译，中国劳动社会保障出版社 2010 年版。

28. ［英］汤姆·霍利克 - 琼斯、［美］乔纳森·赛姆、［英］尼克·皮金：《环境风险认知的社会动力学：对风险传播研究与实践的意义》，引自［英］尼克·皮金、［美］罗杰·E·卡斯帕森、保罗·斯洛维奇主编《风险的社会放大》，谭宏凯译，中国劳动社会保障出版社 2010 年版。

29. 于清源、谢晓非：《环境中的风险认知特征》，载《心理科学》2006 年第 2 期。

30. 张文新：《青少年发展心理学》，山东人民出版社 2003 年版。

二、英文文献

1. A. Boholm, Comparative Studies of Risk Perception: A Review of Twenty Years of Research. *Journal of Risk Research*, Vol. 1, No. 2, February 1988, pp. 135 – 163.

2. A. Boholm, The Cultural Theory of Risk: An Anthropological Critique, Ethnos, *Journal of Risk Research* Vol. 61, No. 2, February 1996, pp. 64 – 84.

3. A. Cotgrove, *Catastrophe or Cornucopia? The Environment, Politics and the Future.* New York: Wiley, 1982.

4. A. Giddens, *Beyond Left and Right: The Future of Radical Politics.* Stanford, C – A: Stanford University Press, 1994.

5. A. Giddens, Risk and Responsibility. *The Modern Law Review*, No. 1, 1999, pp1 – 10.

6. A. Hedges, *Air Pollution Health Messages: Perceptions Among Vulnerable Groups. Report on Qualitative Research.* London: The Stationery Office, 1999.

7. A. Irwin, P. Simmons, and G. Walker, Faulty Environments and Risk Reasoning: The Local Understanding of Industrial Hazards. *Environments and Planning*, No. 31, 1999,

pp. 1311 - 1328.

8. A. Mazur, The Journalist and Technology: Reporting about Love Canal and Three Mile Island. *Minerva*, No. 22, 1984, pp. 45 - 66.

9. A. Tversky, and D. Kahnemen, Judgment Under Uncertainty, Heuristics and Biases. *Science*, Vol. 185, 1974, pp. 1127 - 1131.

10. A. Wildavsky, and K. Dake, Theories of Risk Perception: Who Fears What and Why? *Daedalus*, 1990, pp. 119, pp. 41 - 60.

11. B. Combs, and P. Slovic, Newspaper Coverage of Causes of Death. *Journalism Quarterly*, Vol. 56, 1978, pp. 837 - 843, pp. 949.

12. B. Fischhoff, P. Slovic, S. Lichtenstein, How Safe Is Safe Enough? A Psychometric Study of Attitudes Toward Technological Risks and Benef its. *Policy Science*, No. 9, 1978, pp. 127 - 153.

13. B. Fischhoff, Defining Risk. *Policy Sciences*, No. 17, 1984, pp. 123 - 129.

14. B. Rohrmann, *Risk Perception Research*. Julich: Programmgruppe Mensch, Umwelt, Technik (MUT), Forschungszentrum Julich, 1999.

15. B. Rohrmann, and O. Renn, *Risk Perception Research: An Introduction.* S. 11 - 53, in O. Renn and B. Rohrmann (eds.), Cross - Cultural Risk Perception. A Survery of Empirical Studies. Dordrecht; Boston; London: Kluwer, 2000.

16. B. Wynne, *Institutional Mythologies and Dual Societies in the Management of Risk*, in H. C. Kunreuther and E. V. Ley (Eds), The Risk Analysis Controversy. New York: Springer Verlag, 1983.

17. B. Wynne, *Institutional Mythologies and Dual Societies in the Management of Risk*, in H. C. Kunreuther and E. V. Ley (eds.), The Risk Analysis Controversy. An Institutional Perspective. Berlin; Heidelberg; New York: Springer, 1982, pp. 127 - 143.

18. B. Wynne, Misunderstood Misunderstanding: Social Identities and Public uptake of Science. Public Understanding of Science, No. 1, 1992, pp. 281 - 304.

19. B. Wynne, *Institutional Mythologies and Dual Societies in the Management of Risk*, in H. C. Kunreuther and D. V. Ley (eds.), The Risk Analysis Controversy. An Institutional Per-

spective. Berlin; New York: Springer, 198 – 2, pp. 127 – 143.

20. C. Althaus, A Disciplinary Perspective on the Epistemological Status of Risk. *Risk Analysis*, Vol. 25, No. 3, March 2005, pp. 567 – 588.

21. C. Coleman, The Influence of Mass Media and Interpersonal Communication on Societal and Personal Risk Judgments. *Communication Research*, Vol. 20, No. 4, April 1993, pp. 28 – 611.

22. C. Karpowicz – Lazreg, and E. Mullet, (1993). Societal Risk as Seen by the French Pubilc. *Risk Analysis*, No. 13, 1993, pp. 58 – 253.

23. D. Kahneman, and A. Tversky, Variants of Uncertainty. *Cognition*, No. 11, 1982, pp. 5 – 7 – 143.

24. F. Neidhardt, The Public as a Communication System. *Public Understanding of Science*, No. 2, 1993, pp. 50 – 339.

25. F. O. Adeola, Endangered Community, Enduring People: Toxic Contamination, Health, and Adaptive Responses in a Local Context. *Environment and Behavior*, Vol. 32, No2, April 2000, pp. 49 – 209.

26. G. C. Cvetkovich, M. Siegrist, R. Murry, and S. Tragesser, New Information and Social Trust: Asymmetry and Perseverance of Attributions about Hazard Managers. *Risk Analysis*, Vol. 22, No. 2, February 2002, pp67 – 359.

27. G. Speller, and J. Sime, Anticipating Environmental Change: The Relocation of A Village and Its Psycho-social Consequences. *People and Physical Environment Research: The Australian and New Zealand Journal of Person Environment Studies*, Vol. 433, 1993, pp. 1 – 18.

28. G. Murdock, J. Petts, and T. Horlick – Jones, *After Amplification: Rethinking the Role of the Media in Risk Communication*, in N. Pidgeon, R. E. Kasperson, and P. Slovic (eds.), The Social Amplification of Risk. Cambridge: Cambridge Un-iversity Press, 2003, pp. 156 – 178.

29. G. Mythen, Employment, Individualization and Insecurity: Rethinking the Risk Society Perspective. *The Sociological Review*, Vol. 53, No. 1, 2005, pp. 129 – 149.

30. H. Fink, Heperkomplekst Begrep in Hauge, Hans and Horstboll, Henrik. Kulturbe-

grepets Historie, Aarhus Universitesforlag, Aarhus, s. 12, 1988.

31. H. Hayakawa, P. S. Fischbech, and B. Fischhoff, Traffic Accident Statistic and Risk Perceptions in Japan and the United States. *Accedent Analysis and Prevention*, Vol. 32, No. 6, June 2000, pp. 827 – 835.

32. I. Altman, and S. Low, *Place Attachment*. New York: Plenum Press, 1992.

33. J. Adams, *Risk*. London: UCL Press, 1995.

34. J. Flynn, P. Slovic, and C. K. Mertz, Gender, Race and Perception of Environment Health Risks, *Risk Anal*, No. 14, 1994, pp. 1101 – 1108.

35. J. H. Vlek, C, and P. J. M. Stallen, Judging Risks and Benefits in the Small and in the Large. *Organizational Behaviour and Human Performance*, 1981, pp. 28, pp. 235 – 271.

36. J. Kim, Public Feeling for Science: The Hwang Affair and Hwang Supporters. *Public Understanding of Science*, Vol. 18, No. 6, 2009, pp. 670 – 686.

37. J. Tulloch, and D. Lupton, *Risk and Everyday Life*. London: Sage, 2003.

38. J. Urry, *Consuming Places*, London: Routledge, 1995.

39. K. Bickerstaff, and G. Walker, Public Understanding of Air Pollution: the Localisation' of Environmental Risk. *Global Environmental Change*, No. 11, November, 2001, pp. 45 – 133.

40. K. Dake, Orienting Dispositions in the Perception of Risk: An Analysis of Contemporary Worldviews and Cultural Biases. *Journal of Cross – Cultural Psychology*, No. 22, November 1991, pp. 61 – 82.

41. K. H. Teigen, W. Brun, and P. Slovic, Societal Risks as Seen by the Norwegian Public. *Journal of Behavioural Decision Making*, Vol. 1, No. 2, 1988, pp. 111 – 130.

42. K. H. Teigen, W. Burn, and P. Slovic, Societal Risks as Seen by the Norweigian Public. *Journal of Behavioural Dicision Making*, No. 1, 1988, pp. 30 – 111.

43. K. L. Henwood, and N. F. Pidgeon, Talk About Woods and Trees: Threat of Urbanisation, Stability and Biodiversity. *Journal of Environmental Psychology*. No. 21, 2001, pp. 125 – 147.

44. L. G. Nyland, *Risk Perception in Brazil and Sweden*. Stockholm: Center for Risk Re-

search, 1993.

45. L. L. Lopes, Some Thoughts on the Psychological Concept of Risk. *Journal of Experimental Psychology: Human Perception and Performance*, No. 9, 1983, pp. 137 – 144.

46. L. Sjoberg, Consequences Matter, Risk Is Marginal. *Journal of Risk Research*, 2000, pp. 3, pp. 287 – 295.

47. Marris, Claire. , I. H. Langford, and T. O'Riordan, A Quantitative Test of the Cultural Theory of Risk Perception: Comparison with the Psychometric Paradigm, *Risk Analysis*, No. 18, 1988, pp. 635 – 647.

48. M. Douglas, and A. Wildavsky, *Risk and Culture. Berkeley; Los Angeles;* London: University of California Press, 1982.

49. M. Douglas, *Cultural Bias.* Occasional Paper No. 35, 1978, Royal Anthropological Istitute of Great Britain and Ireland.

50. M. Douglas, *Risk and Blame: Essays in Cultural Theory. London,* New York: Routledge, 1992.

51. M. F. Fan, Justice, Community Knowledge, and Waste Facility Siting in Taiwan. *Public Understanding of Science*, Vol. 21, No. 4, 2010, pp. 418 – 431.

52. M. Goszczynska, T. Tyszka, and P. Slovic, Risk Perception in Poland: A Comparison with There Other Countries. *Journal of Behavioral Decision Making*, No. 4, 1991, pp. 93 – 179.

53. M. Powell, S. Dunwoody, R. Griffin, and K. Neuwirch, Exploring Lay Uncertainty about an Environmental Health Risk. *Public Understanding of Science*, Vol. 16, 2007, pp. 323 – 343.

54. M. Siegrist, The Influence of Trust and Perception of Risks and Benefits on the Gene Technology. *Risk Analysis*, Vol. 20, No. 2, 2000pp. 195 – 203.

55. M. Sivak, J. Soler, U. Trankle, and Spagnhol, J. M. , Cross – Cultural Differences in Driver Risk – Perception. *Accident Analysis and Prevention*, Vol. 21, No. 4, 1989, pp. 355 – 362.

56. M. Thompson, R. Ellis, and A. Wildavsky, *Cultural Theory.* Boulder: Westview Press, 1990.

57. M. Thompson, and R. Ellis, and A. B. Wildavsky, *Cultural Theory*. Boulder, CO: Westview Press, 1990, pp. 62 – 66.

58. N. Luhmann, *Trust and Power: Two Works by Niklas Luhmann*. Chichester: John Wiley and Sons, 1979.

59. N. Luhmann, *Risk: A Sociological Theory*. New York: A. de Gruyter, 1993.

60. N. Luhmann, *Modern Society Shocked by Its Risks*, published by the Social Sciences Research Center, The University of Hong Kong, 1996.

61. N. N. Kraus, and P. Slovic, Taxonomic Analysis of Perceived Risk: Modellong Individual and Group Perseptions. *Risk Analysis*, No. 8, 1988, pp. 435 – 455.

62. N. Thrift, *Flies and Germs: A Geography of Knowledge*, in D. Gregory and J. Urry (eds). Social Relations and Spatial Structures. Basingstoke: Macmillan, 1985, pp. 366 – 403.

63. O. Renn, Three Decades of Risk Research: Accomplishments and New Challenges. *Journal of Risk Research*, Vol. 1, No. 1, 1988, pp. 49 – 71.

64. O. Renn, *Risk Communication and the Social Amplification of Risk*. in R. E. Kasperson and P. J. M. Stallen (eds) Communicating Risks to the Public: Intern-ational Perspectives. Dordreche: Kluwer Academic Press, 1991, pp. 287 – 324.

65. O. Renn, W. Burns, J. Kasperson, Kasperson, R. , and Slovic, P. The Social Amplification of Risk: Theoretical Foundations and Empirical Applications. *Journal of Social Issues*, Vol. 48, No. 4, 1992, pp. 137 – 160.

66. P. E. Gustafson, Gender Differences in Risk Perception: Theoretical and Methodological Perspectives. *Risk Analysis*, Vol. 18, No. 6, June 1998, pp. 805 – 811.

67. P. Slovic, B. Fischoff, and S. Lichtenstein, *Facts and Fears – Understanding Risk'* . S. 181 – 218, in R. C. Schwing and W. A. Albers (eds), Societal Risk Assessment. New York: Plenum, 1980.

68. *Perceived Risk: Psychological Factors and Social Implication*. S. 17 – 34, in Royal Society (ed.), Proceedings of the Royal Society, Report A376. London: Royal Society, 1981.

69. *Characterizing Perceived Risk*, S. 91 – 125, in R. W. Kates, C. Hohenemser, and J. X. Kasperson (eds.), Perilous Progress: Managing the Hazards of Techonology. Boulder,

CO: Westview, 1985.

70. The Psychometric Study of Risk Perceptions, in V. T. Covello, J. Menkes, and J. Mumpower (eds.), Risks Evalucation and Management. New York: Plenum, 1986.

71. P. Slovic, Perception of Risk, *Science*, Vol. 236, 1987, pp. 280 – 285.

72. *Perception of Risk: Reflections on the Psychometric Paradigm*, S. 117152, in D. Golding and S. Krimsky (eds), Theories of Risk. London: Praeger, 1992.

73. P. Slovic, B. Fischoff, and S. Lichtenstein, Rating the Risks. *Enviornment*, Vol. 21, No. 3, 1979, pp. 14 – 20, pp. 36 – 39.

74. P. Slovic, Smoking: *Risk, Perception Policy*. Thousand Oaks, CA: Sage, 2001.

75. P. Slovic, Fischhoff, B. and Lichtenstein, S. Why Study Risk Perception? *Risk Analysis*, Vol. 2, No. 2, 1982, pp. 83 – 93.

76. P. Slovic, Perception of Risk. *Science*, Vol. 236, 1987, pp. 280 – 285.

77. P. Strydom, *Risk, Environment and Society: Ongoing Debates, Current Issues, and Future Prospects*. Buckingham: Open University Press, 2002, pp. 75.

78. P. Timmerman, The Risk Puzzle: Some Thoughts. *Ethics and Energy*, No. 6, 1986, pp. 12.

79. R. D. Luce, and E. U. Weber, An Axiomatic Theory of Conjoint, Expected Risk. *Journal of Mathematical Psychology*, No. 30, 1986, pp. 188 – 205.

80. R. E. Kasperson, O. Renn, P. Slovic, H. S. Brown, J. Emel, R. Goble, J. X. Kasperson, and S. J. Ratick, The Social Amplification of Risk: A Conceptual Framework. *Risk Analysis*, Vol. 8, No. 2, February 1988, pp. 178 – 187.

81. R. E. Kasperson, *The Social Amplification of Risk: Progress in Developing an Integrative Framework of Risk*. in S. Y. , Kinsky and D. Golding (eds) Social Theories of Risk. Westport, CT: Praeger, 1992, 153 – 178.

82. R. E. Kasperson, and J. X. Kasperson, The Social Amplification and Attenuation of Risk. *The Annals of the American Academy of Political and Social Science*, Vol. 545, 1996, pp. 95 – 105.

83. R. R. Kleinhesselink, and E. A. Rosa, Cognitive Representations of Risk Perception:

A Comparison of Japan and the United States. *Journal of Cross – Cultural Psychology*, No. 22, 1991, pp. 11 – 28.

84. R. R. McCrae, and P. T. Costa jr. *Revised NEO Personality Inventory (NEO – PI – R) and NEO Five – Factor Inventory (NEO – FFI)*: *Professional manual*, Florida: Odessa, 1992.

85. R. S. Wyre, and G. A. Radvansky, The Eomprehenmon and Valielation of Social Information. *Psychological Review*, Vol. 106, 1999, pp. 89 – 118.

86. S. Bastide, J – P. Moatti, J – P. Pages, and F. Fagnani, Risk Perception and the Social Acceptability of Technologies: the French Case. *Risk Analysis* No. 9, September 1989, pp. 23 – 215.

87. S. G. Lyng, and D. A. Snow, *Vocabularies of Motive and Hige – Risk Behaviour*: *The Case of Skydiving*, in E. J. Lawler (ed.), Advances in Group Processes, 1986, pp. 157 – 179.

88. S. Moffatt, J. Bush, C. Dunn, D. Howel and H. Prince, *Public Awareness of Air Quality and Respiratory Health and the Impact of Health Advice*, Newcastle: University of Newcastle, 1999.

89. S. Oltedal, B. E. Moen, H. Klempe, and T. Rundmo, *Explaining Risk Perception. An Evaluation of Cultural Theory*. C Rotunde Publikasjoner Rotunde No. 85, 2004, pp. 7 – 8; pp. 9 – 10; pp. 19 – 20; pp, 20, pp, 29 – 30.

90. S. Rayner, Muddling Through Metaphors to Maturity: A Commentary on Kasperson et al. The Social Amplification of Risk. *Risk Analysis*, Vol. 8, No. 2, 1988, pp. 201 – 204.

91. S. Rippl, Cultural Theory and Risk Perception: A Proposal for A Better Measurement, *Journal of Risk Research*, 2002, pp. 5, pp. 147 – 165.

92. S. Schama, *Landscape and Memory*. London: Harper Collins, 1995.

93. T. Englander, K. Farago, P. Slovic, and B. Fischhoff, A Comparative Analysis of Risk Perception in Hungary and the United States. *Social Behavior*, No. 1, January 1986, pp. 55 – 56.

94. T. W. Valente, and W. P. Saba, Mass Media and Interpersonal Influence in a Rep roductive Health Communication Campaign in Bolivia. *Communication Research*, Vol. 25, No1, 1998, pp. 96 – 124.

95. *Risk Management and Hazardous Waste*: *Implementation and the Dialectics of Credibility*, 1987.

96. *Risk and Social Learning*: *Reification to Engagement*, in S. Krimsky and D. Golding (eds.), *Social Theories of Risk*. New York: Praeger, 1992.

97. *May the Sheep Safely Graze? A Reflexive View of the Expertlay Knowledge Divide*, S. 44 – 83, in 1. Scott, B. Szerszynski, and B. Wynn e (eds.), Risk, Environment and Modernity. London; Thousand Oaks; New Delhi: Sage, 1996.

98. W. Brun, Risk Perception: Main Issues, Approaches and Findings. In G. Wright and P. Ayton (Eds.). *Subjective Probability*. Chichester: John Wiley and Sons Ltd, 1994, pp. 295 – 320.

99. W. K. Hallman, and A. Wandersman, Attribution of Responsibility and Individual and Collective Coping with Environmental Threats. *Journal of Social Issues*, Vol. 49, No. 40, 1992, pp. 18 – 101.

100. W. J. Burns, P. Slovic, R. E. Kasperson, J. X. Kasperson, O. Renn, and Emani, S. Incorporating Structural Models Into Research on the Social Amplification of Risk: Implications for Theory Construction and Decision Making. *Risk Analysis*, Vol. 13, No. 6, June 1993, pp. 611 – 624.

101. W. R. Freudenburg, C. L. Coleman, J. Gonzales, and C. Hegeland, Media Coverage of Hazard Events-analyzing the Assumptions. *Risk Analysis*, Vol. 16, No. 1, January 1996, pp. 31 – 42.

102. W. R. Freudenburg, and S. K. Pastor, Public Responses to Technological Risks: To-ward a Sociological Perspective. *The Sociological Quarterly*, Vol. 33, No. 3, July 1992, pp. 389 – 412.

1. A 汽车有限公司给你们带来了哪些风险？您能进行简单的描述吗？

2. 你是如何认识这些风险的？这些风险对你们有哪些影响？你是根据什么来判断出这些影响的？你们是如何预防和应对这些风险的？

3. 汽车有限公司是否向你们解释过这些风险？他们通过哪些方式与你们进行过交流？

4. 就这些风险，你们与企业之间发生过哪些故事？

5. 当地政府管理机构在这些风险冲突中起何种作用？他们有没有采取相关行动来解决这些风险问题？

6. 就这些风险，你们与政府部门有没有过主动的交流？交流过程中发生过哪些故事？

| 致　　谢 |

　　当最后一个句点落下时，几分畅快，几分忐忑，几分轻松，几分不安。轻松的是博士论文初稿终于完成了，忐忑的是能否通过专家的审核。选择风险作为博士论文的专攻方向，就像一位师兄所说的本身就是风险。一方面国内风险研究资料多为对策研究，且研究甚少涉及风险感知领域，有限的风险感知研究集中在介绍国外相关的风险感知理论，实证研究成果寥寥无几；另一方面，系统地搜集、阅读、梳理外文资料是一个耗时的工作，在有限的时间内，根本没有把握能整理、了解风险感知研究的发展脉络。加上开题阶段的思路模糊和信心不足，于是，在开题时受到老师们的"围攻"也就在意料之内了。幸好导师的"力挺"给了我继续就风险感知话题继续研究下去的信心，才有了如今这篇不成熟之作。开题过程中各位老师的建设性意见也是我撰写论文过程中的指导性原则，指引我避免犯各种规范性错误，开拓了原有的视野。在调研过程中，在资料的整理过程中，在论文的正式撰写过程中，几多艰辛，痛苦自知。尤其在此过程中失眠顽症一直伴随着我，黑白颠倒，让我苦不堪言。幸好这一切都伴随着论文初稿的完结而"随风而逝"，终于回归了正常人的生活。

　　三年快节奏的博士生活，"压力山大"，尤其对我这个大龄脱产在读的学生而言，经济上的、学习上的、就业上的、生活上的压力时时困扰着我，曾经有一段时间经常梦中惊醒，再也无法入睡，深切地感受到了失眠多梦是多么的可怕，没有亲身经历这个过程，外人是无法感同身受的。感谢我的父母，母亲患有高血压，需要长期服药降低血压，儿在远方，尽不了半点孝心；父亲更是常常在精神上给我鼓劲，即使在他手术期间儿子也不能床前侍候。二老报喜不报忧，总是设法免除我的后顾之忧。感谢我的兄弟姐妹，当我不在二老身边之时，替我分担了照顾二老的重任。

　　感谢我的导师李若建教授。求学与就业，人生大事莫过如此，在两件事上导师都给予了我无私的帮助。是他将我领进了风险研究的大门，并且在实地调研和论文的撰写过程中提供了众多的帮助；是他的学术思维指导着我的学术研究，在系统地阅读导师的历年论文和专著过程中，深切地体会到他知识之丰富，思想之深邃，所提问题之现实性、巧妙性、前瞻性，均非常人所能及。这一切都深深地影响着我，虽然离这个高度尚远，但所有这些总是激励着我大步向前；是他为了我的就业多次以电话或面谈的方式向用人单位推荐，使我的工作很快就尘埃落定，解决了我最为挂心之事，工作解决了，其他事务相对简单多了。两件事中任何一件都足以改变人的一生，我将永远铭记于心。

　　感谢蔡禾老师，他的理论课常常使人豁然开朗，深奥的理论在他授课中总是能以通俗的方式得以表达，却又不失理论之精华。感谢王宁老师、李伟民老师、邱海雄老师、刘林平老师。从他们的课程中汲取了诸多营养，他们在开题和预答辩中的批判和建议，都使得我的论文直接受益。感谢方芗老师，与她就风险问题研究的几次交谈对我论文的最终完成影响至深。感谢师姐梁宏老师、林湘华老师、师兄马凤鸣同学、师弟吴贵峰同学在读博期间提供的各种帮助。感谢我的同学海云志、黄建宏等，在论文思路中断之时，我们总是互相鼓励，互相找出问题之所在，这种情感上的支持是完成博士论文的关键一环。

范华斌
于中山大学 2013 年 5 月 10 日